成为妈妈，
成为你自己

静好家庭研习社　主编

ZHEJIANG UNIVERSITY PRESS
浙江大学出版社

图书在版编目（CIP）数据

成为妈妈,成为你自己 / 静好家庭研习社主编. —
杭州：浙江大学出版社，2020.8
（静好书系）
ISBN 978-7-308-20407-1

Ⅰ.①成… Ⅱ.①静… Ⅲ.①女性－成功心理－通俗
读物 Ⅳ.①B848.4-49
中国版本图书馆CIP数据核字（2020）第135301号

静好书系：成为妈妈，成为你自己
主编　静好家庭研习社
编委　林景莉　范景宇　陈弋桃　干露露
　　　许　晓　李　晶　杨　超　张贝妮

选题策划	陈丽霞	
责任编辑	吴美红	
责任校对	陈　翩	
封面设计	周　灵	
出版发行	浙江大学出版社	
	（杭州市天目山路148号　邮政编码310007）	
	（网址：http://www.zjupress.com）	
排　版	杭州兴邦电子印务有限公司	
印　刷	浙江新华印刷技术有限公司	
开　本	710mm×1000mm　1/16	
印　张	9.75	
字　数	145千	
版印次	2020年8月第1版　2020年8月第1次印刷	
书　号	ISBN 978-7-308-20407-1	
定　价	32.00元	

第一章

自我蜕变，做高情商妈妈

第一节　不要让情绪阻碍你的成长

第一课　找到自己的情绪开关，远离情绪失控

情绪失控是很多妈妈都会面临的问题。看看家里的熊孩子和"猪队友"，再加上自己繁忙的工作，以及一眼望不到头的家务活，让满负荷高压运转的妈妈们，就像一只胀满的气球，一碰就炸。但我们都不想被情绪操控，毕竟气大伤身，发完脾气也会后悔。如果不想被情绪牵着走，首先要了解情绪是如何控制你的。

先来看一个案例。

丈夫忘记了结婚纪念日，妻子在房间里生闷气。但妻子转念一想，丈夫平时工作也很忙，如果来房里哄哄自己，这事儿也就过去了。结果丈夫对她说："你光顾着自己生气，都顾不上照顾孩子，赶紧出来吧，别生气了。"听完，这位妈妈就炸毛了，质问丈夫凭什么说自己没照顾好孩子，最后两人不欢而散。

家庭关系顾问发问："你原本不是想他给个台阶就下吗？"这位妈妈说，当听到丈夫抱怨，尤其是说到没顾上孩子，觉得他根本没资格说这句话，所以就炸毛了。等她意识到这是笨丈夫给自己找的台阶，丈夫已经被她骂跑了。

这个案例包含了妈妈会炸毛的三个步骤：第一步，内心有个预期，在这个场景下是预期丈夫会给个台阶下，而且这个台阶可能设想的是丈夫认错；第二步，剧情没有按照设想发展，那根炸毛导火线开始进火星，滋滋作响；第三步，丈夫的一句话或者一个动作直接引爆了导火线。

我们可以仔细回想一下自己情绪爆发的场景，会发现几乎都是因为这三步，而它的根源就在于我们内心有一个预期或者说设想，结果出现了和它不

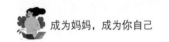

符合的场景，这非常容易把我们的情绪引爆。

总结一下，你会情绪失控，根源其实就是两点：第一，有人做了你不喜欢的事，或者逼你做你不喜欢的事。比如，你不喜欢家里乱七八糟的，喜欢整洁，然而一天下来，孩子玩具到处都是，老公的臭袜子脏衣服也是随处可见。第二，有人打乱或阻挠了你的设想、计划、安排。比如，你想好了暑假给孩子报一个国外的夏令营班，这样你也可以顺便在国外待一段时间，结果呢，孩子爸爸说给孩子国内找个班就好了，而且觉得你是故意找借口出去玩。

所以，当有人做了你不喜欢的事时，当有人打乱或阻挠了你的设想、安排时，你就会不自觉地陷入紧张情绪，这时候，导火线就开始逐渐迸出火星，哪怕一句玩笑话，或者孩子一个小动作，都可能直接把你引爆。

有没有办法控制炸毛呢？答案当然是，没有办法。

不要总想着去控制情绪，要做的是放下情绪。

如何才能放下情绪呢？要意识到发火的根源，这有助于你放下情绪。因为情绪很多时候坏就坏在你没意识到它，如果你对它有意识了，本身就能化解。举个例子，现在丈夫学聪明了，当他感觉到你那根导火线在滋滋冒火的时候，他会很主动地对你说："诶，我感觉到你的导火线在冒火。"很多时候他一说这句话，你就意识到了，然后告诉自己没必要发火，这件事就过去了。

当然，也有很多情况是我们知道自己要发火了，但还是控制不住。首先，你需要了解令你炸毛的思考方式，找到自己的情绪开关（什么事情会触发你炸毛），以及深层次对应着怎样的心理，例如期待别人的肯定、缺乏安全感等，然后，用正念驱逐你的炸毛导火线。

了解了炸毛三部曲和会炸毛的两个原因，接下来我们要了解令自己炸毛的思考方式，也就是那根导火线和藏在导火线下面的炸药桶。

举一个孩子的案例，让大家知道这种思考方式起源于哪里，这对于我们消解孩子情绪也会有帮助。

孩子正在看电视，妈妈说："开饭啦！"孩子完全没听到，继续专注地看电视。妈妈过来对孩子说："关掉电视，咱们得吃饭啦。"孩子说："妈妈，让我再看一会儿吧！"妈妈说不行，并且"啪"的一声把电视关了。孩子一看，自己那么想看的电视没看成（别人做了自己不喜欢的事），一屁股就坐地上哭了。然后妈妈也来气了。这种事情上演了几次以后，如果再次出现孩子在看电视、妈妈在旁边说开饭的场景，孩子会立马条件反射般一屁股坐地上哭，边哭边说："妈妈讨厌，不让我看电视！"

　　这个事态的演变其实是我们情绪脑占主导的思维模式，固化为惯性思维的过程。具体来说，就是当对方没有按我们的预期行事，或者对方和我们意见不一致时，我们会产生条件反射：麻烦来了！因为从小到大的各种经验告诉你，如果遇到麻烦，就需要费口舌解释，特别是解释了可能还是会有麻烦。所以，大脑会把这些经年累月的经验自动翻译成"麻烦大了"，而其实可能当下你面对的事情并没有你想象中的那么严重，但大脑的翻译让你跳过了分析当下的情况，而是直接让情绪升温。当你开始觉得烦躁，这个时候你基本上就已经被情绪绑架了。再慢慢地，你可能连想"麻烦来了"这个步骤都省略了，因为思维定式，或者说经验让你跳过出现与预想不一致的情况这一环节而直接进入了烦躁模式。在孩子看电视这个例子里，一开始是妈妈强制性关电视孩子才会哭，但后来演变成妈妈一喊吃饭孩子就开始哭了，如果这种沟通方式不改变，慢慢地，就很可能会演变成，只要孩子一遇到父母和自己意见不一致的情况，他就立刻爆发。炸毛的导火线就这样拧好了。

　　其实，还可以更形象一点形容这根导火线，那就是我们的情绪脑对我们说："狼来了！"我们现在要做的就是不要一听到情绪脑说"狼来了"，就任由导火线冒烟，而是冷静观察一下，究竟有没有狼，如果有，我们能不能打败这匹狼。

　　具体到行为，如何做呢？那就是每当你意识到别人意见和你不一致，没有按你预期行事（或者说做了你不喜欢的事情）时，那你就应该立即问自己：这件事真有那么大麻烦吗？这件事真有那么要紧吗？

　　比如哄孩子睡觉，孩子就是不睡，一会儿要求讲故事，一会儿自己在床上跳来跳去，你一看时间，都9点半了，一下就急了。眼看导火线就要开始冒烟了，就在这时，你突然意识到，这是你的情绪脑在喊"狼来了"。这个时候，你可以问问自己：急有用吗？孩子晚点睡会有多大麻烦呢？冷静下来，再问自己：我的目标是什么？如果是让孩子早点睡觉，那更要紧的事情是让他亢奋的情绪冷静下来，而不是吼他，吼他只会让他的情绪更加不能平复。再理性一点，我们需要知道孩子为什么睡不着，去探究原因，找到一劳永逸的解决办法。

把注意力放在解决问题、实现目标上，而不是情绪脑一喊"狼来了"就开始败退，你的情绪就已经放下了。

以上主要揭示了炸毛的导火线，就是你的情绪脑习惯性地喊"狼来了"，你要做的是，在情绪脑喊"狼来了"的时候，按下暂停键，然后开启高情商模式，问问自己，这件事真有那么麻烦吗？真那么要紧吗？自己原本的目标是什么？生气能有助于达成目标吗？总之，问问更有助于心理健康。

找到了导火线，我们再来看看导火线背后的炸药桶。如果我们能把炸药桶清除了，就算有导火线，我们也炸不起来。不过，我们的炸药桶藏得很深，而且威力特别大，这些炸药就是我们作为人的"本能三需求"，也就是渴望被认可、渴望被尊重、渴望安全感，对应的则是我们内心深处的不自信、害怕被忽视，以及没有安全感。这三点其实是我们的本能诉求，本身没有过错，但我们对它们在乎的程度越高，就越容易焦虑烦躁，也就越容易炸毛。所以，我们需要找到自己的炸药桶在哪儿，找到它了，就可以不去点着它。

举个例子，孩子在公共场合哭闹，然后你立即去制止，而孩子依旧哭闹，其实这时候你已经极度想炸毛了，但因为看到旁边有许多带孩子的妈妈偷偷观察你，你心里想：我绝对不能对孩子发火，我要给她们看看我是如何成功教育孩子的。所以你继续强压火气，脸都快变形了，但依旧轻言细语哄孩子。然而孩子依旧不屈不挠地哭闹，你觉得自己的面子都被孩子丢光了，怒火岩浆最终喷发，而且此次喷发可能特别严重。因为这个火气里交织着两个内容：一是对孩子不听话感到生气；另一个则是当众发火是件很丢脸的事，让你着实气恼，你希望证明自己不是那么爱发火的人，真的是因为熊孩子，所有问题都是孩子造成的。有个成语特别精辟地概括了这种情形，那就是"恼羞成怒"。当我们怒了，忍到不能忍时，甚至可能会发展为动手。其实光是恼或光是羞，可能都还好。可是，当我们渴望被认可的时候，羞和恼被激发出来，两种情绪一交织，恼羞成怒，后果确实是非常严重的。

我们恼羞成怒的背后，是渴求认可但没有得到，它可能源于我们过去的经历，比如小时候父母很在意我们有没有得到别人的认可，也可能源于我们与生俱来的好强性格，等等。重要的是，我们要意识到，虽然我们渴求得到别人的认可、尊重，或者渴望拥有安全感，是正常本能，但是，当这种渴求发展到了不健康的程度，我们就会被这些渴求所绑架。

当我们意识到藏在我们内心的炸药桶，那么下次再遇到相似场景时，我们就可能不去点着它，不是只想着赶紧阻止孩子哭闹，以免给自己丢脸，而是转而关注孩子为什么会哭闹，解决孩子面对的问题。

为什么不少妈妈做了全职妈妈之后，特别不喜欢别人称呼自己是全职妈妈？因为妈妈们会觉得这个标签显得自己不厉害，没有用。更深层次的原因，是妈妈们渴望得到外界的尊重。有一些职场妈妈会因此不敢成为全职妈妈，也有许多全职妈妈因此变得敏感焦虑。

我们生而为人的三大需求，就是被认可、被尊重、安全感。既然是人性的本能需求，那它们的存在就是合理的，甚至是推动人类进步的驱动力。但是，我们要强调，不要被它们所绑架，仅仅是为了满足这种本能的需求而做一些事，会让你偏离目标，也会让你更容易陷入负面情绪。比如，许多父母也不赞成"鸡娃"（"鸡娃"，网络名词，就是给孩子打鸡血。望子成龙、望女成凤的"虎妈""狼爸"们为了孩子能读好书，不断地给孩子安排学习和活动，不停地让孩子去拼搏。这种行为就叫作"鸡娃"。），但最终又都在"鸡娃"。理由是，大家都在给孩子学习十八般武艺，自家的孩子不学能行吗？这就是典型的被上述本能需求绑架了，所以无法冷静分析："鸡娃"的终极目的是什么？如果终极目的是让孩子对未来有把握，那么现在让孩子学各种技能，就能让孩子对未来胜券在握吗？你将收获一个在青春期叛逆的孩子，这个反倒更有可能。

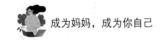

接下来我们将讲述"建起高情商的地基"。

不知道大家有没有注意过，当我们在倾诉自己的委屈和难处时，我们是如何去描述的？通常是"我累了""我很忙""我很生气"。大家捕捉到了什么？是不是"我"这个字？我们大部分人在思考问题的一刹那，其实会本能地从"我"出发，而这种本能会像一块布一样遮蔽我们，让我们看不见别人的需求，或者说不会思考别人为什么会这样。就比如孩子看电视，约定好半小时后睡觉，结果正好看到精彩的地方，孩子想反悔，不想立即睡觉，我们会觉得孩子真不听话。试想：你看剧的时候，如果正好看到关键处，不让你看了，你会不会也很惦记？如果你看得最起劲的时候有人要关你电视，而且绝对不让看了，你会怎么样？

蒋勋说，他有时候会觉得好讨厌某个人，不明白这个人怎么会每次讲话都让人这么难过、不舒服，这么低级趣味。他采用了一个方法，就是开始写小说，把他变成小说中的主角，写着写着，他就想明白这个人为什么会这样，开始为他着想，想他长大的过程中碰到过什么事，最后他觉得这个人不错，非但不讨厌，还挺招人喜欢。这是因为蒋勋理解他了。

因为理解，我们会从讨厌一个人变得喜欢一个人。也因为理解，我们对他人会从抱怨到宽容，甚至是慈悲。当你做到了理解他人，你的高情商就有了牢固的地基。

要做到理解他人，有两层我们需要做到。

第一层是同理心。当你觉得对方和我们意见不一致，或者跟预期不一致时，请你想一想，如果你是他，你此刻会怎么做。注意，是"如果你是他"，不是"如果他是你"。因为有时候大家会讲：如果我是他，我肯定会按我说的做。但不知道你有没有想过，他为什么没这么做呢？显然，问题的关键是你并没有成功换位思考。举两个例子，大家领会下如何换位思考。

有一位微博博主说："想象我是大海，我将亲吻每一个海浪，拥抱每一条游过的鱼。"然后下面有人评论说："如果我是大海，我会觉得这么多鱼游来游去让我恶心，我讨厌飞过的海鸟在我身上拉屎，我也讨厌那些巨浪让我头晕。"这位博主就回了一句："我是说想象你是大海，而不是想象大海是你。"

再举个例子，许多妈妈对于孩子晚上不肯睡觉都感到崩溃，如果问为什么孩子晚上会这样，妈妈会说因为贪玩。那怎么运用同理心方法来解决孩子晚睡的问题呢？回想你像孩子这么大的时候，是不是一样贪玩？是不是一样不肯睡觉？这时候你就真的站在孩子的角度了。当然，这不意味着晚睡这件事就解决了，还要看看矛盾在哪里。现在，你是那个又累又困的妈妈，问题怎么解决比较好呢？第一，表示理解，然后指出，就像孩子很想玩一样你也很想睡，问宝宝，当他很想睡时如果旁边有人闹他，会不会很心烦？所以你和孩子要一起寻找解决方案。你理解孩子，但同时也可让孩子理解你。第二，你提两个解决方案让孩子选。一种是你去睡了，他自己玩，你不陪他，而且他需要自己上床睡觉。第二种，约定一个你还能坚持耐心陪玩的时间，比如10分钟，比如20分钟，然后就必须一起睡。当然，这个环节也可以让孩子自己想方案。第三，达成一致，坚决执行。

一般来说，如果我们能用同理心，真正想象如果自己是对方，自己此刻的处境、心情和需求，我们就可以找到方案应对当下遇到的场景，不太会炸毛，甚至还可以在对方炸毛的情况下帮他把毛捋顺了。那怎么算顺毛捋呢？就是要理解对方同样有人的三需求：被认可、被尊重和安全感。

第二层是对别人的原则和价值观要给予足够的尊重和理解。我们会认为自己是有原则的人，我们有自己固守的价值观，却时常会忘记这些是我们自己的原则和价值观，不能强求别人要有一样的原则和价值观。你也许不赞同别人的某些原则和价值观，但要给予足够的尊重和理解。因为原则、价值观和每个人的成长环境有关系。哪怕别人的原则和价值观确实有问题，你也依然应该尝试去理解。因为别人可能没有机会拥有更正确的原则和价值观，与其发火指责，倒不如帮助他们，即使帮不上忙，至少可以理解。有位妈妈和先生一起开车出门，发现有一辆助动车逆行，闯红灯，且速度极快，他们急刹车，还好没撞上。当时这位妈妈很生气，觉得怎么可以这么不遵守交通规则呢，而且很快上升到对方素质太低。但先生说："如果这个人和你一样受过高等教育，买得起四个轮子的车，我相信他一定会遵守交通规则。"当你

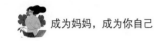

开始理所当然认为某件事就该怎么样，甚至快要义愤填膺时，不妨去观察下对方的生活背景，他所处的家庭和社会环境，然后你可能就会理解对方为什么会这样。因为理解所以宽容。

第二课 培养高情商思维定式

通过上一课，我们知道情绪脑主导大脑的思维惯性是如何形成的。这一课，我们会带着大家修正这种惯性，形成高情商的思维定式，让这种思维定式在你的大脑中占上风。一旦拥有这种思维定式，我们不仅能够帮助孩子，还能影响伴侣。

这种思维定式是什么呢？就是遇事想目标，看问题，找解决方案，不纠结于对错。

举个例子，你在家做晚饭，忙进忙出，突然听到孩子哭了，跑过去一看，孩子头上撞了个包。再一看，先生捏着手机在旁边安慰孩子，火气一下就上来了："你一天到晚就知道看手机，我忙里忙外，叫你看着孩子这么点事儿都做不好吗?!"

这就是我们的条件反射：一遇到事情，首先分对错找责任人，然而却忘了此刻你该解决的问题是孩子撞了个包，而不是责备先生。毕竟，孩子磕磕碰碰大家都很心疼，你的责备只会引来争吵，让孩子紧张，觉得受伤是闯祸。

我们现在知道遇事了想目标，看问题，找解决方案，那么我们可以怎么做呢？

首先，询问是怎么受伤的。然后，检查伤势是否严重。紧接着，处理伤口并且安慰孩子。最后，对先生说："孩子现在还小，有时候会没有危险意识，你看撞包了你也心疼吧？所以你离他近一些，如果现在不忙就先不看手机吧，陪孩子玩玩也好啊。"

我们这么说的时候，相信很多人都会说："臣妾做不到啊！凭什么他看手机害孩子受伤我还不能给他一顿骂？凭什么我就该忙里忙外，他眼里就没有活？必须把他骂醒。"

首先，我们来看看结果。你能把先生骂醒吗？如果你的目标是让他学会做家务，在家里能帮忙，那么你觉得是骂能达到这个目的，还是干脆直接吩咐，并给出行动指令更能达到目的？

其次，分析一下我们为什么会这样想。其实还是因为我们的思维方式停留在情绪脑占主导地位的阶段，我们还是从自己出发，觉得我很忙，我很辛苦，以及我有主张的陪孩子方式，先生就该按我说的做。这个设想没达到，我们的导火线就开始拧起来了，同时那个需要对方认可我们的炸药桶也准备就绪。这时候，我们最需要的就是"理解对方"这个正念。在这种情况下，先尝试站在先生的角度，孩子受伤他一样心疼自责。如果是你，已经很心疼自责了，旁边还有人骂你，你会不会更难过？想想先生或者婆婆指责你没带好孩子的时候你的内心活动，你就可以知道先生此刻的心境了。

很可惜的是，大部分时候不论是对孩子还是对先生，或是对父母公婆，甚至身边的人，我们习惯性地会去演一个角色，而且演得特别投入，这个角色就是法官。我们总要找出对错，并且认为我们的答案才是对的，其他人都是错的，因为我们是法官。

所以，当再遇到事情时，请把你的法官袍脱下，告诉自己，你不是来分对错的，对你来说，重要的是达成目标或是解决问题。炸毛前，当你能意识到法官袍已经穿在身上了，要让逻辑脑夺回主导权，你才能取得阶段性胜利。

情商高就体现在：你可以脱下法官袍，然后问自己，我的目标究竟是什么？如何才能实现我的目标呢？和自己的这个对话，其实就是拥有高情商的思维定式的体现。

再举个例子。

先生回家以后，坐在沙发上玩手机，你和他说话他就像没听到似的。这时候你已经开始不爽了，过了一会儿，先生可能突然想到什么或者看到什么，于是和你说话，然后你借机可能会先酸他。如果此时先生还没有眼力见，基本上接下来无论他说什么做什么，你都会立马炸毛。

其实在这个案例里，我们看到先生在看手机，在判他接受怒吼这种惩罚

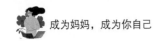

之前，不妨先问自己：我的目标是什么？其实我们是希望先生放下手机，和我们说说话、聊聊天，是希望夫妻之间能有时间亲密交流。那么，怎么样才能实现这一点呢？

如果只是希望先生不看手机，你也可以炸毛，因为炸毛也可能达到这个目的，只是可能以后会养成一个毛病，就是你不炸毛他就不听。但如果说目的是亲密交流，可能炸毛就会适得其反。

首先，在那个情境下，你可以坐到先生旁边，或撒娇，或温情，总之让先生不要紧张，不要误认为你是来责难的，这样他才能立即领会你的指令，比如两人聊聊天，或者让他帮忙做点什么。通常来说，只要先生捧着手机不是在工作或是激战游戏，他基本上会赶紧放下。

其次，可以和先生商量，你们俩的手机不可以在家出现的几个地方，比如不可以出现在饭桌，不可以出现在卧室，或者不可以出现在某些时间段，比如不可以出现在全家人吃饭时，不可以出现在你们睡前聊天时。并且定下一个惩罚游戏，那就是出现了要怎么办，比如让儿子在他身上画画，比如背女儿骑大马三圈，等等。但是记住，规则不只是给你先生定的，你也要遵守，这一点很重要。

总之，当我们发现一些让我们不爽的事情时，请首先想一想，如何才能解决，甚至一劳永逸？想象我们是特别厉害的拆弹专家，专门拆除家里每个人心里的炸弹，是不是很有成就感？那如何拆呢？

前面我们主要讲了要摆脱情绪脑占主导的思维定式。第一步，我们遇到事情时不要急着分对错；第二步，问问自己，我们的目标或者目的是什么，除了炸毛，什么是更好的解决办法。

下面我们来讲讲具体如何设计和实施，让你可以形成条件反射，一遇到事情会主动去看目标，找解决方案，从而巩固逻辑脑的主导地位。

其实在遇事看目标找解决方案的过程中，最大的难点不是找不准目标，而是如何找到有效的解决方案，达成目标。很多时候我们放弃了努力，因为我们觉得尝试了却没有成功，然后就没有了信心。所以在这个阶段，尝到逻辑脑占主导的甜头很重要，毕竟有了信心，你就会更加积极地使用这种思维方式，直至形成思维惯性。

具体怎么做呢？首先，要给自己信心。其实我们的情绪是特别复杂的，哪怕我们今天已经想好，我们不能被它控制，但事到临头，一边着急表现我可以不炸毛，一边着急解决问题，反而有可能发生炸毛。因为问题没有按我们设想的解决，两种情绪一交织，恼羞成怒。所以，当我们想好要修正自己的行为，那么最开始的阶段一定是要做准备，带着预先想好的方案去做，千万不要考验自己的临场反应。

然后，请务必在你着手解决问题时，对自己斩钉截铁地说一句：我今天可是有备而来的。不要小看这一句话哦，这句心理暗示会让自己冷静下来，并且因为冷静，后面就会顺利许多。

当然，我们说有备而来，不是自己骗自己，我们确实要做准备，那就是准备一个实施步骤。其实一段时间内令我们炸毛的事很容易归类，例如先生不理解自己，孩子不好好学习。所以，在我们养成这种思维惯性的过程中，我们可以根据自己最近最常炸毛的事，先设计一个步骤，然后按照预先的设想来进行。

设计步骤时，我们的顺序应当是：确定自己的目标，根据目标找到问题的症结，然后对症下药，制定解决步骤。接下来，举两个例子来说明如何设定我们的步骤。

第一个例子，辅导孩子学英语，但孩子磨磨蹭蹭的，半小时过去了，一个单词都没记住。一开始，你还比较耐心，后面就会有点不耐烦，再下去，你可能就开始怒吼了。最好的办法是，在孩子开始学英语之前就先想好今天如果孩子磨蹭，要怎么解决。

首先，我们的目标是什么？那就是让孩子快速背单词。从两方面来看待这个问题：一方面，阻碍孩子快速背单词的是哪一点呢？可能是孩子怕背错了挨骂。另一方面，有什么可以激励孩子快速背单词呢？例如让背的过程更有趣。所以，要让孩子快速背单词，可以尝试两点：第一，让孩子不怕犯错。我们要把步骤具体化，那就是不要在孩子不会背或者背错的时候指责他。第二点，就是让背的过程更有趣。你可以设计成通关游戏，每背对一个单词就能收集一张贴纸或者一粒巧克力豆。对于3～6岁的孩子来说，及时的激励比事后的激励更重要，他们的思维还没有发展到接受延迟满足，所以边做边鼓励是比较好的方法。

根据这个，我们可以设定步骤了。首先，当你和孩子坐下来，准备背单词了，你对自己说："我今天可是有备而来的，这个办法一定能帮助孩子快速背完这几个单词。"第一步，告诉孩子，今天要玩一个背单词的游戏，而且会边玩边奖励巧克力豆。第二步，先挑最简单的给孩子背，并且及时奖励巧克力豆，让他尝到甜头。第三步，如果孩子开始分心，提醒他为巧克力豆值得再努力一把。最后，在完成整项作业之后，要告诉孩子："看，当你专心的时候，我们是不是很快就完成了？"让孩子彻底把学习当成一件快乐的事情，方便你后续给他培养学习习惯。

第二个例子，有位妈妈觉得最近和先生的关系不好，老吵架，想和先生好好谈一谈。你知道吗？其实看到"谈一谈"的时候，我们都替你先生发怵，因为太多时候谈一谈是去兴师问罪，所以有可能你抛出"谈一谈"这三个字，你先生的导火线就条件反射地开始冒烟，根本没法好好谈一谈了。所以，我们要先看目标，弄清楚我们的目标是什么，缓和跟先生紧张的关系。那么你们原本因为什么才关系紧张的呢？这时候，你先要两面分析。首先分析自己，因为最近带孩子很辛苦，他既不帮忙，还不理解，更没有安慰，所以你很不开心。然后分析先生。先生每天上班都很辛苦又有压力，可是一回家就是一张臭脸等着，哄还哄不好，动不动就一顿训，觉得这日子没法过了。所以，症结是什么？就是你们没有互相理解。当你找到症结，你就可以设置步骤了。首先，给自己打气，"我今天可是有备而来的，我可以和先生缓解这种紧张的关系"。那么第一步，和先生相约，离开家这个环境，去外面喝一杯，或者吃顿饭。如果有孩子脱不开身，那么就在孩子睡了之后，在家喝一杯。但请记住，一定要布置一下，改变这个场域，否则身处一个平时吵架的环境，你们不自觉就会紧张，后面就很难放松。第二步，在放松的心情下，你握着先生的手，或者躺在他怀里，对他说："最近因为照顾孩子比较累，所以忽略了你的感受，好久没有这样和你一起放松了，真遗憾，彼此在有了孩子之后错过了许多。"第三步，如果先生也开始反思，然后开始安慰你，你们就可以在友好的气氛里探讨一下如何可以让你们的爱情保鲜，比如每天等孩子睡觉后一起手握手聊聊天，比如每周有一次二人世界，等等，一定要具体到时间和场景。如果先生很是木讷，甚至不自觉，说出类似"你现在才知道啊"的话，那么就认真对他说："我很爱你，所以我不希望有了孩子我们的感情就变了，可是我也觉得我们现在感情不如以前了，你觉得我们如何才能像以前那么恩爱呢？"后面也是要探讨出一个具体的方案，具体到时间和场景。

在以上两个案例里，我们可以看到，最主要的是要先确定目标；然后再根据这个目标找到症结，拆掉阻碍你情商提高的炸弹；接下来就是制定步骤，拆掉这个炸弹。

我们可以通过提问来找到症结。一种方式，询问什么事情阻碍了目标的实现；另一种方式，询问对方的诉求是什么。这两种也可以结合起来用。

找到症结，我们就可以制定解决步骤了。制定解决步骤有两个要点：第一，为了方便自己记住，最好就三步，并且三个步骤之间一定是递进关系，不是并列关系，而且是一个动作，或者一个场景。同时，好的步骤一定不是你说他听，而是共同商量。请记住，不要只设想步骤会按我们预想的发生。第二，要具体，不要空洞。什么叫空洞呢？凡是形容词和副词为主的步骤，就是空洞的，比如，"我要和他好好谈一谈"，这就叫空洞。什么叫作"好好"谈一谈？这个"好好"本身就需要界定。那么，如何才能不空洞呢？以动词为主，能有一个具体的画面出来，比如"对自己说，今天可是有备而来的"；再比如，"我要先把他抱到怀里，亲亲他"。

大家可以根据自己所设定的最想解决的问题或者达成的目标，找出症结，设计自己的步骤，并且根据这个步骤来实施。情绪脑占主导的思维惯性不是一天形成的，如果我们不努力练习如何理性地对待问题，就不可能让高情商的思维定式夺回主导权，所以练习很重要。最后再强调一下，请大家在实施自己的解决方案时，一定记住多给自己鼓励，告诉自己，"我这次可是有备而来哦"，然后迈出你的第一步。

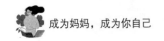

逻辑和情绪在我们的大脑里绝对不是此消彼长的关系，而是相辅相成的。虽然炸毛不好，但眼里只有目标全然不能感知这个世界更不好。

希望大家拥有"以逻辑为主导，情绪为辅助"的高情商思维模式。这里边有两点需要提醒大家注意。

第一点，我们遇事看目标、想解决方案，但不能矫枉过正，变成不带情感，只讲目标只讲做事。

举个例子。有个很重要的家庭聚会（比如长辈的八十大寿）在外地举行，但聚会这一天孩子有绘画课。你前后想了想，觉得自己的目标是要让孩子德智体美劳全面发展，于是你决定聚会就不去了。

这样培养出来的孩子可能会认为除了学习，其他都不重要，但你会不会觉得做一个温情的人更好一些呢？

生而为人，尤其是身为妈妈，我们也许在当下有这样那样的目标，但在人世中走这么一遭，我们有一个终极目标，那就是给自己的孩子、家庭，乃至整个世界满满的爱。我们点亮自己，照亮他人。所以，虽然我们有各种各样的目标，有各种各样的困境，但我们不要忘记生而为人，我们的终极目标是给世界满满的爱和温暖，终极的高情商就是用爱点亮世界。当我们当下的目标和终极目标有冲突时，我们一定要会变通，不能为了达到眼下的目标而少了温情、少了爱意。所以这时候，情绪脑对逻辑脑的辅助很重要。

第二点，我们对自己有要求是好事，但请不要对自己太苛责，甚至到了自虐的程度。我们的目标是让逻辑脑占主导，但并不是要废弃情绪脑，或者认为所有负面情绪都是坏的，要统统赶尽杀绝。请你一定要接纳那个有情绪的你，并且认识到有情绪是正常的。当然，这句话说来简单，做到很难。这里我给大家三个具体的办法。

第一，我们要学会自己治愈自己，不必过于渴求从外界寻求理解、认可和尊重，比如不要想着生气时就必须让先生低声下气地来哄，累了时孩子就该乖乖听话少添乱。我们要如何做到自己治愈自己呢？最好的办法是每天给自己一些独处的时间，半小时最好，如果没有半小时，5分钟也行。在这个独处的时间里，请选择一个安静的环境，盘腿坐下，保持背部挺直，肩颈放松，然后深呼吸5次，每次呼吸都要听到海潮的声音。5次结束，用右手按在你的左胸，让你的大脑和心建立连接，和你的心沟通，对它说："谢谢你这么多年来一直默默陪伴着我，之前我很少关注你，与你沟通，在未来的日子里，我会更多地尝试与你多交流。"然后想象有另外一个你坐在你的对面，你把所有的委屈和情绪都倒给她，她给你安慰和爱的鼓励。

第二，学会转移你对情绪的注意力。当你忍无可忍还是炸毛时，先不要当法官，指责别人害你炸毛，或者训斥自己怎么还是改不过来。因为这么做，结局就是你又恼又羞，炸得更厉害。这个时候也别总期待外界给你台阶下或者用你想要的方式来安慰你，你要做的就一件事：转移自己的注意力，别一直停留在炸毛的场景和心绪里。当妈妈的都有这样的经历：孩子还小的时候，哇哇哭着要某个危险的东西，那当然不能给。但不给孩子一直哭怎么办？于是我们就会重新找个东西给孩子，孩子的注意力转移了，自然就好了。所以，当你已经陷在情绪里不可自拔时，最有用的办法不是强压下去，而是转移自己的注意力。比如，刷一集综艺节目，看一会儿书，或者找个地方大哭一场，彻底发泄一下。总之，不要一直盯着那个让你有情绪的事情，然后苛求自己立马转变态度，这是在自虐。毕竟，高情商不只体现在对待别人上，也体现在对待自己上。

当孩子在发泄情绪大哭的时候，其实你要做的绝对不是威胁他不许哭了，最好的做法就是陪着他发泄，然后想办法转移他的注意力。当先生变身马景涛时，和他对吼或者给他冷暴力并不是好办法，最好的办法是示弱或者幽默。有一次，一位妈妈忘记先生的某件重要事情，没帮他办，先生那天大概心情也很差，忍不住就怒吼了："你倒是说呀，你怎么回事?!"于是这位妈妈开玩笑说："诶，老公，你刚刚的样子好像马景涛哦!"先生"扑哧"就笑了，此后很长一段时间他都很少发火。大概他自己一想要发火就想到马景涛，然后也觉得很好笑，所以就没火气了。所以，已经有情绪的时候，最好的办法不是压制，而是转移你对情绪的注意力，当你的注意力转移了，情绪自然就没了。这就是高情商的一大表现。

第三，客观地表达感受，而不是用情绪表达意见。举个例子，有人在知乎问："我22岁了，还能学会钢琴吗？"下面有个人回答："很难，因为你妈打不过你了。"家有琴童的看到这句话绝对会会心一笑。通常我们练琴都是三部曲：第一部曲，妈妈和颜悦色，孩子认真开弹；第二部曲，孩子失去耐心，妈妈强忍火气给予鼓励；第三部曲，妈妈怒吼，孩子痛哭。其实，第三部曲里妈妈怒吼就是在用情绪表达意见，那就是用生气来质问孩子：你好好练琴就这么难吗？最好的练琴三部曲是怎样呢？第一部曲，坐在琴前，和孩子一起深呼吸，然后让孩子大声说"我今天会认真弹，遇到弹错就对自己说再来一次，早点儿弹完早点儿去玩"。第二部曲，孩子对自己弹错了不满意，开始发脾气，如果在可控范围内，就抱抱他，给予安慰鼓励；但如果眼看没有要收场的意思，就告诉他："错了我们就再来，但你如果一直发脾气，就是自己为难自己，不单你难受，妈妈在旁边看着也很难受，再这么下去妈妈就要炸毛了。为了不吼你，妈妈先离开，你发完脾气后自己再弹吧。"第三部曲，孩子自己发泄够了，会主动再弹，或者请妈妈过去陪他弹。如果孩子脾气又上来了，重复第二步。在这个新的三部曲里，最重要的一点就是妈妈在表达感受，而不是发火。我们有血有肉，会生气会难过很正常，好的做法是我们坦诚地说出来，让对方知道他的做法会让我们生气难受，让我们无法接受，然后和对方一起采取措施度过这一刻；而不好的做法就是点燃炸药桶，伤人伤己。

这一课我们分三部分来帮助大家的逻辑脑重回主导地位。第一部分我们讲了高情商的思维定式是遇事想目标，看问题，找解决方案，但是不要做法官，习惯性地去判决对错。第二部分我们讲了在有了目标以后，我们要找准症结，然后按预先制定三个步骤的解决方案去实施。第三部分，我们主要讲巩固逻辑脑主导地位的两大误区：第一个是矫枉过正，只看当下目标，却忘了我们生而为人的终极目标，那就是爱；第二个则是急于求成，苛责自己，甚至到了自虐的地步。这里我们还讲了理解包容自己的三个方法，第一个是自己治愈自己，摆脱对外界的依赖；第二个是已经炸毛时转移自己的注意力，这是化解情绪的最好办法；第三个是客观表达感受，而不是用情绪表达意见。

2 第二节 家庭关系剧本，需要高情商思维编写

第一课　用导演的方式化解家庭冲突

我们的现实生活，包含无数个细小的生活场景，吃喝拉撒睡，柴米油盐酱醋茶，虽说每一天的剧情都差不多，但总会有一些失控的场面让你恼火。如果我们把自己当作演员，陷在其中，就不会提前想到应对问题的解决方案。我们需要转变自己的角色，以导演的方式，去思考生活中可能会遇到的对话和场景，然后据此来设计自己的解决方案，具体分为三个步骤。

举例来说。例如你每天最容易炸毛的场景是孩子吃早饭磨蹭，导致上幼儿园迟到。那么，可以设计一个解决方案：第一步，当孩子来到餐桌前的时候，告诉孩子，7：30之前一定要吃完早饭；第二步，7：20的时候，提醒一下孩子还有10分钟；第三步，孩子吃完给予鼓励，形成吃饭的正循环。

想一想，这三个步骤有没有问题？其实看起来这些都是很好的步骤，因为我们的目的是解决孩子吃饭磨蹭的问题，只要孩子磨蹭的原因是没有时间观念，那上面的步骤就是合适的。但是万一7：20的时候孩子进度慢了，眼看7：30之前肯定吃不完了，那该怎么办？怕是你一急：都想办法了，怎么还是没搞定孩子，我们家孩子太难搞了。然后，该炸毛可能还炸毛。

偶像剧里经常会有一类镜头，就是一个人在那儿演练待会儿暗恋对象出现时，要怎么说怎么做，对方如何反应，然后再怎么说怎么做。但往往戏剧化的结局是，预想的场景并没有出现，然后这个人就方寸大乱。其实当我们在预设解决方案时，也经常会发现别人没有按我们设想的做，然后我们就不知道怎么办了。其实，原因就在于我们设想时，以自己为出发点，而且只预计事情会往好的方向发展，没有备用的方案，当事情没按我们设想的发生时，我们就傻眼了。

所以，我们在预设解决方案时，务必要想象自己是导演，然后在心里把这个场景过一下，这样就知道有没有问题了。

还是用刚才的例子，想象一下：孩子坐到餐桌前，你端出早餐，做第一个步骤，说："宝宝看一下时间，长针指到6的时候，我们要吃完哦！"这时候，我们就要想象镜头对准孩子，孩子会怎么做呢？这个时候，你可能觉得剧情会是孩子说"好的，妈妈"，然后开始吃。然后长针指到4的时候，你发现孩子进度还行，于是按计划提醒，最后欢欢喜喜送孩子去上学。但请你设想到这儿的时候大喊一声停，为什么？因为你现在是导演了，觉得这帮演员太自嗨了，剧情一点儿冲突曲折都没有怎么行？必须重新来。那么，在哪里安插一点儿曲折好呢？嗯，先看第一个镜头，当你说"长针指到6的时候，我们要吃完哦！"孩子的剧本可能是："这么多啊，我吃不完，我不要吃这么多。"还有哪里可以安插冲突曲折呢？这时候回看步骤，第二个关键节点是我们定的长针指到4，如果当长针指到4时，场景是孩子面前的食物明显十分钟吃不完，怎么办？

当我们找到了两个可能的冲突场景，我们就可以重新来看看步骤了。第一个步骤可以不变，但是如果说完这句话之后，孩子并没有快快吃饭，依旧磨蹭，就要启动备选步骤：和孩子玩一个小游戏，和他共同挑战一分钟吃完半块面包，而且故意让孩子赢，让孩子可以愉快地吃起来。再来看第二个步骤，长针指到4时提醒孩子，如果这个时候看起来有点来不及了，那就要启动备选步骤，比如干脆坐下来喂孩子吃饭。这里只是举个例子，具体用什么步骤其实可以灵活多样，妈妈们并不缺乏创新解决问题的能力，大家可以自由发挥。

所以，当我们要做自己生活场景的导演时，就要多培养自己一个能力，那就是写分镜头脚本的能力。当一个场景出现的时候，我们发现已经写好脚本了，而且都在心里演练过了，那做起来当然就会得心应手。不过要再提醒一点，有时候可能我们不是把场景想得过于乐观，而是把场景想得太悲观，在这种情况下，也要喊停，因为你是导演，不是演员，你得出戏看看如何调整剧本，让你的场景多一些好的可能性。

我们的大脑其实很会偷懒，会把我们过往的许多成功经验积攒起来，变成条件反射，最终就形成了所谓的临场反应和超强的直觉。这也是为什么我强调大家要多练习，去巩固高情商思维定式。那些你看到的所谓完美的临场反应，都是反复练习的成果。养成高情商，很重要一点就是要积累一些好的解决方案，这样下次遇到相似的场景，就会像梁朝伟演戏那样驾轻就熟，知道这个场景该怎么说怎么做。更好的情况当然是每次在场景结束后，问问自己，哪些做得特别好，哪些可能要调整，还有什么场景没有考虑到。下一次，你再回看剧情时，你就可能把原本没预想到的场景考虑进去，你设计的解决方案就会越来越周全，别人就会越来越钦佩你情商高。

学会用高情商思维编写家庭关系剧本，一是要以导演的方式去思考；二是要积累好的解决方案；三是要学会反思，让高情商一直在线。当我们在努力巩固高情商思维定式时，说到底就是希望我们能更理性客观地去看待这个世界。但这里最难的不是理性客观地看待别人，你会发现，和自己关系越不大的事情，我们越能保持理性客观，所以最难的其实是理性客观地看待自己。这就是我们说的反思。情商高的人很注重反思，正所谓"吾日三省吾身"。

许多小伙伴会觉得自己对自己当然是最了解的了。那么问一个问题：当你把所有衣服都脱了，站在镜子前，你能做到很坦然地看自己的身体吗？如果你会觉得不好意思，那么你和你自己其实并没有你想象中那么熟。如果你觉得没什么，能坦然地看，那再问一下，你更愿意看你美的部分还是不美的那部分？看到自己腰上的赘肉，会不会说"哎，不想再多看一眼"？其实，这就是你不想面对它。

要如何做到坦然面对自己呢？

第一，改变自己的观念，明白一件事情，那就是我们反思自己的问题，目的不是用这些问题来否定自己，摧毁我们的自信和自尊，而是为了成长，为了成为更好的自己。就如你阅读这本书，你要做的不是痛斥那个被情绪脑牵着走的你，而是让自己成为一个高情商的妈妈。看到自己的问题，本身是一件很不舒服的事情，甚至会又羞又恼，因为它直接牵动着你对安全感和被

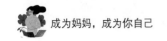

认可的渴求。但这个时候，请学会对自己说："太棒啦，我又发现了一个不足的地方，改掉了我就可以变得更好！"一开始这会让你觉得很矫情，但这句话有神奇的力量，会让你的情绪脑不再那么抗拒问题，这时候它就真的被逻辑脑驯服了，而你的高情商就养成了。

第二，学会更理性地反思。反思其实大家都会，看看我们在寻找自己的炸药桶时做的笔记，其实这都是很棒的反思，但如何更好更理性地反思呢？

举个例子，你和妈妈为了一点儿事吵了起来，非常郁闷，然后回家告诉先生。这时候，先生说："你看你，连你妈都忍不了，就这火爆脾气，跟谁好相处？"，听到这样的回复你很难不炸毛，换谁来都可能会炸毛，而且不单会炸毛，还会委屈：他都没认真听当时的情形，怎么就得出结论了？总之，脱口而出的话和内心闪过的各种台词，其实都指向一件事，就是推脱责任，你对自己说："别气了，是他不了解情况，是他不理解你，我没错啊。"

相信大家都会有这些时候，会觉得都是他们不了解情况，都是他们不了解我们，所以我们会着急解释，但如果作为旁观者，其实会觉得那些解释都是在为自己开脱，无非就想证明一件事，那就是自己是对的。冷静下来分析，譬如刚刚那个例子里，你问问自己，撇开先生的说话方式，他说的问题我们真的没有吗？我们对父母不耐心，不能忍，会不会确实是因为脾气太大了呢？也许你会同意：是的，我确实脾气不好，有时候忍不住。这时候，你承认自己脾气不太好，你就会开始想着要修正了，也才会愿意去改正自己的行为。如果你没有意识到这是自己需要修炼的地方，反而认为都是别人把你惹毛了才这样，甚至会想："换你难道你不生气吗？"那其实，你就选择性地回避了自己可以成长的机会，然后陷入一个又一个人性沼泽里出不去。

当我们脑海闪过"他知道个什么呀""他根本不了解情况"等念头时，请立即在脑海里叫停，然后问自己：他说的真的不对吗？是什么让我没有看到这个问题呢？这个问题我真的没有吗？通常，当我们开始这样想的时候，我们对整件事的理解和判断就会不一样了，做的决定也会更正确。

我们要学会从别人的意见里反思，这里还有一个更高阶的做法，那就是关闭自己的防御系统，诚心请教别人的意见。其实每个人都挺愿意给别人提建议的，就看对方愿不愿意听，以及听的态度好不好。举个例子，有位妈妈想做自媒体，写了一篇文章请闺蜜提建议，她的闺蜜也很直接，就说这么写没人会看的。然后这位妈妈的防御系统就打开了，她开始耐心解释、举例证明这篇文章一定是别人爱看的。试想如果你是这位妈妈的闺蜜，她对你说了一大堆，都是讲自己如何如何费思量、如何如何考虑了市场的喜好才写出一篇文章，那你会怎么说？你肯定会说："嗯，是挺好的，你就按你说的发吧。"但内心可能想："看来你也不需要意见了，我没什么好说的了。"其实，这位妈妈的目标是写出好文章，然后也询问了意见，可惜就可惜在，忘记关闭自己的防御系统，所以当别人扔了一些"东西"过来时，管它有用没用，先弹回去再说。然而她却没意识到，更好的做法应该是"草船借箭"，也就是多问多听，不要反击，尽量不去解释。因为她需要的是别人的建议，而不是别人对她的理解。如果你是那位妈妈，当别人说这么写没人会看，建议你不要急着证明会有人爱看，更不要提你写得有多费心多辛苦，而是真诚地问对方："那你觉得哪些部分大家不爱看呢？你能给我一些建议吗？"然后不管建议好坏，你都问自己两个问题：一是这个地方我真的忽略了吗？如何改进？二是别人是怎么想到的？为什么我没有想到呢？下次我可以怎么做？

　　总之，我们要从更高的层次思考，学会反思。首先，我们要改变观念，明白直面问题不是在摧毁自己的自信和自尊，而是在帮助我们成为更好的自己。其次，我们要理性地反思。这分两个阶段，第一阶段是不急着为自己找借口和开脱，而是认真想想：别人说的问题我真的没有吗？第二阶段则是主动寻求意见，看清自己的盲点，具体做法就是关闭防御系统，学会"草船借箭"。

第二课　高情商表达的"黄金圈法则"

　　前面我们分析了大脑的思考过程，你也可以理解为各种信息的输入，而所有这些输入的信息最终会通过表达来输出。但是，大家有一个普遍的困惑，就是心口不一。脑袋里想的和说出来的完全不是一回事，这常常会造成一些不愉快的事情发生。

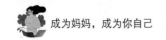

先来看一个生活场景。孩子刚回家就问："妈妈，我能看会儿电视吗？"妈妈说："不行，看什么电视？一天到晚看电视。"孩子会感到沮丧，特别是还被妈妈抱怨了一番。那如果我们有技巧地表达，该怎么做呢？

当孩子问："妈妈，我能看会儿电视吗？"妈妈可以说："宝宝，现在还不行，因为我们得先吃饭。不过妈妈知道你很想看电视，所以你一定要快点儿把饭吃完，吃完我们就能看电视了，好不好？"总共两句话，但套路是有的，首先讲出是什么，那就是不能现在看电视；然后再讲为什么，因为得先吃饭；最后讲怎么做，那就是快点把饭吃完，吃完就能看了。

是什么、为什么和怎么做，这个套路在演讲里被称为"黄金圈法则"，非常实用。具体来说就是：想表达什么，理由是什么，接下来可以如何做。我们说话的时候，最好遵循这个套路。其中，"是什么"和"为什么"最好先讲，但顺序可以调换，而"怎么做"是放最后的，也可以引导对方一起来探讨怎么做。大家可能会问：这个套路是不是一定要在公开讲话的场合，或者发表长篇大论的时候才用？绝对不是，它在我们日常生活中运用更广泛。

当然，大家可能会觉得，上面这句话讲得也很普通，孩子听完还是可能会沮丧会发脾气。没错，套路是最内核的东西，但语言是丰富的。刚刚的案例，我们是用最简单的语言，让大家看到如何在生活化的表达里使用这个套路，但在我们练习掌握了这个套路之后，第二层的要求便是如何更好地表达和描述是什么、为什么以及怎么做。

如何更好地运用呢？我们一个一个来看，首先来看"是什么"。"更好地表达是什么"要分两方面：和成熟的人表达观点，单刀直入简单明了最重要；和不成熟的人，比如特别爱炸毛的人、"玻璃心"的人，表达观点就要尽量委婉迂回，甚至先讲原因再讲观点。就像在刚刚那个案例里，更好的表达方式可能不是直接讲"是什么"，而是引导孩子明白"为什么"。具体来说，可以问孩子："宝宝，按照我们的约定，现在是看电视的时间还是吃饭的时间呀？"孩子可能会沮丧地说："好像该先吃饭。"那么，这时候等于对方说出了"是什么"，你要做的就是搂着孩子说："妈妈特别理解你，我像你这么大的时候也恨不得捧着电视不放。但是一边被妈妈催着吃饭一边看，其实看得也不安心，后来我就发现，倒不如把饭吃完，节省下来的时间想看多久看多久，还不用被妈妈念叨。所以啊，要不我们先吃饭，吃完你再慢慢看，如何？"

如果讲话的对象是你先生，先生问："老婆，我晚上想和朋友聚聚，可以不回家吃饭吗？"请记住，他是成熟人，你表达观点就不要再委婉迂回，你要赌气说句"随便你"，他马上会说"谢谢老婆"，留下你在风中凌乱。请单刀直入表明观点："老公，我希望你晚上能回家吃饭。"

接着看"为什么"。更好地表达为什么，最好的办法就是摆事实讲道理。摆事实就是举例子说明你的观点，比如遇到同样的场景，你可以告诉孩子，当年你也想看电视，但为什么选择了先吃饭再看，这样孩子就会觉得你不是在要求他，而是在设身处地为他着想。除了摆事实，讲道理也很重要，但讲道理不是指讲大道理，这里最重要的是共情。

讲完了"是什么"和"为什么"，最后一步是"怎么做"。其实最常见的不是我们想不出一个好的"怎么做"，而是我们把这一步省略了。因为这一步最费神，每个人其实都想偷懒。但是，如果我们想解决问题，就一定要有个人来讲一下怎么做，否则就会变成僵局，然后可能有人会炸毛。举个例子，小宝来告状："妈妈，哥哥不让我玩他的玩具。"这时候妈妈说："那是哥哥的玩具，所以他不让你玩妈妈也没办法。"这么一说，小宝很可能就哇哇乱哭。那么，可以怎么更好地表达呢？"那是哥哥的玩具，所以他不给你妈妈也不能帮你抢。但是宝宝，你尝试一下好好跟哥哥商量，或者想想办法，看看哥哥怎么能同意。"也就是说，我们讲完了"是什么"和"为什么"以后，紧跟着一定要告诉孩子可以怎么做，这时候孩子就不太会觉得无助，而是转身去想办法搞定这件事。其实生活中很多时候出现争吵或是说做事情低效，就是因为大家一直不讲接下来可以怎么做，所以高情商的表现就是做那个主动指出可以怎么做的人。而这里举的这个案例，是想告诉大家，你可以告诉别人怎么做，也可以告诉别人怎么做的方法和思路，或者提供引导，不一定给出最终答案，因为这一点对孩子来说尤其重要。

下面总结一下表达的套路：是什么、为什么和怎么做。如何更好地表达

"是什么"？和成熟的人表达观点，单刀直入简单明了最重要；和不成熟的人表达观点时尽量委婉迂回，可以先讲原因再讲观点。如何更好地表达"为什么"？需要抓住两个要点，那就是摆事实和讲道理。怎么做是每次表达都最好要有的。技巧就是：不一定要给出最终答案，也可以告诉别人怎么做的方法和思路。

在了解表达的套路以及如何优化这个套路之后，要进一步修炼表达能力，让你的语言更具有魅力，更能解决问题。

如何讲别人才会听呢？那就要戳别人的痛点，挠别人的痒点，抓别人的兴奋点。注意，这里之所以反复强调"别人"，是因为我们总会本能地聊自己。

首先我们来看戳痛点。先解释一下痛点是什么，痛点就是会令一个人焦虑恐惧的事。所以，有没有戳中痛点，你需要看这件事别人究竟会不会为之焦虑恐惧。妈妈们经常以为自己在戳痛点，其实不然。比如，孩子不好好吃饭，妈妈说："你再不好好吃我就收走了，饿你一顿。"妈妈们这么说的时候，显然认为饿是孩子的痛点。但结果是，孩子可能根本不当回事。为什么？因为饿这件事，孩子并不怕。甚至可能妈妈说了这么多回，却从来没有让孩子体验过什么是饿，对于一件根本没有体验过的事情，孩子自然不会焦虑恐惧。当然，这个案例里还有一个问题，那就是采用了威胁的办法来戳痛点，而这其实是令人很不舒服的戳痛点的方式。戳痛点最好的方式是讲理由，而不是告诉别人后果，以免别人觉得你在威胁他而炸毛。例如，你看到孩子乱扔玩具（孩子的痛点可能是玩具没了），一种戳痛点的表达是："宝宝你再不把你玩具收拾好我就给你扔了。"这是典型的拿痛点当后果，不收拾的后果就是把玩具扔掉。但还有一种方式，是拿痛点当理由，不要先抛结论，而是先引导，让孩子去关注这个痛点："宝宝你喜欢这个玩具吗？"宝宝当然会说喜欢，然后再问："玩具丢了你会难过吗？"宝宝会说难过。那这时候其实你已经在戳痛点了，接下来可以说怎么做："那我们给玩具安个家吧，这样每天玩好后你记得把它们送回家，免得找不到了你会难过，对不对？"

讲完戳痛点，我们来看看如何挠痒点。先来解释痒点。痒点就是理想中那个完美的自己或者理想生活应该有的样子。比方说，大家都说女儿是老公上辈子的情人，所以对老公来说，他的女儿可能就是理想中完美女人的样子，这就是他的痒点。比如，先生因为一些事情生气，抱怨说："这么好的老公和家庭哪里找？"妈妈就说："嗯，确实难得，所以，以后你女儿嫁这样的人家，相信你会很放心吧？"先生当时沉默了一下，但随后的表现明显就更加理性。再举个例子，孩子在幼儿园里打人，你该怎么处理？比较好的做法就是挠痒点，问孩子："宝宝你是不是很喜欢钢铁侠？"孩子会说非常喜欢。你再问："钢铁侠是不是也很爱打架？"孩子可能会说对，也可能会说钢铁侠爱打怪兽。总之，不论说什么，你可以接着问："那钢铁侠为什么要打怪兽啊？"通常孩子都会告诉你，因为要保护人类。再接着问："那怪兽做了什么要被打？"孩子会说因为怪兽会伤害人。好，这个时候你就可以开始挠痒点了："哦，原来喜欢打人的是怪兽，而钢铁侠不打人，只打怪兽呀！那我们以后可是要做钢铁侠的人，你是不是能保护一下幼儿园的小朋友，不要打人呢？你可千万不要变成怪兽哦！"通常来讲，面对男孩你搬出他最喜欢的英雄人物，面对女孩你搬出她最喜欢的公主，孩子都会表现得更好。

我们接下来讲最后一个，抓兴奋点。我们都听过乌鸦太太的故事：乌鸦太太叼着一块肉，狐狸为了抢这块肉，就夸乌鸦太太唱歌好听。狐狸抓住了乌鸦太太的兴奋点，巧妙地让乌鸦太太张嘴唱歌，这下肉就掉了。其实每个人都会有一些兴奋点，当你抓住了这个兴奋点，你的解决方案实施起来就简单了。抓兴奋点相对来说简单许多，大家只要知道别人的兴奋点是什么就好办。如何找出别人的兴奋点呢？能让一个人保持一定时间的专注力或是津津乐道的事情，就是其兴奋点，你就可以从这个点出发去引导对方。

沟通的时候要讲"断舍离"。为什么要讲这个呢？因为很多时候沟通不顺畅，最主要的原因有两个方面：一是我们想表达的东西太多，对方消化不了；二是我们的表达过于不着边际，让对方淹没在语言里，抓不住重点。所以，如果我们想要对方清楚接收到我们的信息，并且领会我们的意思，最重要的是做好沟通的"断舍离"。

先来看一个例子。有一位妈妈最近对先生有好几件事不满，觉得需要和先生谈一谈。晚餐后，这位妈妈开始对先生说："老公，我今天想和你商量一些事儿。"先生说："好啊。""我觉得你的手机现在变成'小三'了，你天天捧着它。能不能我们回家以后把手机放起来，尽量多一些我们的家庭交流时间啊？"老公说："好的，老婆。"这位妈妈继续说："还有啊，你回来多陪陪孩子，孩子现在这个年纪挺需要爸爸陪伴的，你每天在家待的时间本来就不多，回来就多和他玩玩好吗？"老公说："好啊，老婆。"她又接着说："还有啊，最近你下班特别晚，我们能尽量早点回来吗？"此时先生其实已经开始有点不耐烦了，但还是说："知道了，老婆。"然后她又继续说："还有啊，你妈这两天来过了……"基本上到这个时候，先生的耐心就差不多用完了，站在了炸毛边缘："你怎么就这么多事儿呢？我忙了一天回来，手机不让看，又是这又是那的，还让不让人休息一下啦！"

在这个案例里，看起来沟通得很心平气和，但是为什么对方却走向炸毛了呢？其实这里边最大的问题就是我们想要表达的内容和达到的目的实在是太多了，一股脑儿倒给对方，对方就会接不住，有时候甚至觉得你太唠叨了。所以，当我们准备和人沟通时，请一定记住，抓主要矛盾，达成一个目标就好，两个就最多了，千万不要太贪心。如果你认为最不能接受的是先生晚回家，那你的解决步骤就围绕"晚回家"这件事去展开，至于其他在我们看来是陋习的事情就留待以后再来提，不要一个接一个抖出来，你也许以为自己这是在乘胜追击，其实你是在步步紧逼。对孩子也一样，有时候我们抱怨孩子叛逆不好管，其实是我们太心急，想要孩子一次变成完人，却忘了要给孩子时间，要一样一样、一点一点地去改变孩子。

当然，我们如果没有什么目的，就是闲聊，那其实一个"还有啊"接着又来一个"还有啊"这样的对话方式没什么问题。不过既然是闲聊，就不要带着指向性。

除了谈话目标要做取舍，挑最重要的聊，还有第二点：我们在讲话的时候要讲重点，不要太过发散，让别人陷入我们的脑回路里，找不到出口。

先举个例子，当先生问你："老婆，我们周末过二人世界好吗？"你说：

"好啊，那我们做点什么好呢？好像我想看的电影没上映。最近有什么新开的餐厅吗？之前那些餐厅也都吃腻了。要不我们俩去跑个步？啊呀不行，我买的跑步鞋还没到。那老公你说我们去做点什么好呢？"先生此时可能已经崩溃了，说算了还是不去了。然后你生气地说："哼，你看，你根本就不打算带我过二人世界！"

这个场景是典型的陷在脑回路里，忘记我们的沟通重点了。其实我们本来是要讨论二人世界做点什么好，结果你的脑回路一发散，从电影到餐厅到跑鞋，先生就开始无所适从，不知道讲什么好了。

当然，列举以上案例只是希望你在沟通时脑回路不要转太快，不要去想许多不相关的事情（并且你还觉得这些事和眼下挺有关系，边想边把它讲出来）。当你感觉自己脑回路在运转时，记得喊停，问问自己打算重点讲什么。

以上是我们在沟通中所需要做的"断舍离"，一是把沟通目标删减到两个或一个；二是不要把自己发散性的脑回路内容讲出来，不要忘记自己的沟通重点。当然，我们做"断舍离"，目标就是实现良好的沟通表达。所以，我们来描述一下好的沟通表达是怎么炼成的。

首先，在沟通前，预设好一个或两个目标；其次，通过追问"为什么"搞清楚问题的症结及其产生的原因；再次，按照我们所讲的表达套路和对方视角来设计沟通步骤与谈话重点；最后，预演可能发生的情境，做足沟通准备后再和别人沟通。最后的最后，沟通结束，自己复盘一下经验和教训。

请务必记住，掌握了我们讲的这些知识点后，只有在生活中去具体运用和练习，我们才能修炼成为表达高手。

我们回顾一下本课的主要内容：第一是掌握表达的套路，即是什么、为什么和怎么做，以及如何去优化这个表达套路；第二是站在对方视角去表达，从"我想讲什么"升级为"怎么讲别人才会听"，方法就是戳痛点、挠痒点和抓兴奋点；第三是沟通中做到"断舍离"，让表达效果不因我们想达成的目标太多，或者思维太发散而打折。

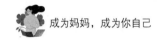

第三课　高情商，帮你找到新的人生目标

前面我们讲了如何养成以逻辑脑为主、情绪脑为辅的高情商思维模式，这一课我们要讲的则是，当我们养成这种思维模式之后，我们应该让人生不断进阶。

想让人生不断进阶，第一点，就是我们要找到自己的人生目标。

《原则》这本书里有一个特别有趣的比喻：人生就像是在吃自助餐，你面对非常多意想不到的美食，虽然理论上我们可以都吃，但事实上我们只会选择其中几种吃。因为不放弃其中几种食物，我们就无法吃到自己更想吃或者更需要吃的食物。

这个道理看起来特别简单，但可惜的是，我们可能还没走到"制定人生目标"这一步时就已经失败了。我们不敢追求更好的目标，怕因此错过了一个好目标，这一点在我们择偶时特别明显。有时候看到一个各方面还不错的男人，虽然没有感觉，但因为父母催婚的压力，我们就觉得可以了，于是不再去追寻真爱，决定嫁了。如果你不是为了爱情而结婚，那么只有柴米油盐的婚姻，其实一辈子都会带着一丝遗憾。如果我们想同时追求好几个目标，要的太多，最终可能一个都不能实现。比如，我们希望自己在家庭和事业两方面都要拿 90 分，当你对自己要求如此之高时，结果很可能是一样都做不好。

所以，当我们在制定目标时，想象自己在吃一顿豪华自助餐，为了不让自己撑得快吐还感觉没吃好，我们最好先想清楚自己要吃什么、不要吃什么。怎样想清楚呢？首先要避免两个误区。

第一个误区，把目标和欲望混为一谈，把成功的装饰品误认为成功本身。我们经常会问一句话："你想要什么？"这个具体的东西其实就是一种欲望。换个问题："你想要做什么？""做什么"这个具体的动作对应的才是目标，它甚至是需要你节制欲望才能最终实现。举个例子，想要豪车豪宅，这就是欲望；而想要做成一家企业，让更多妈妈活得幸福，活得光彩照人，这就是目标。其实，要实现这个目标，你可能非但不能买豪车豪宅，还可能要卖豪车豪宅。

第二个误区，把目标放在自己的安全边界内，只把自己有把握能实现的列为目标，觉得某个目标无法实现就否决它。我一直很喜欢一张冰山的图：当我们站在海面，看到的是浮于水面上的冰山，而我们看不到的是海面下体积数十倍大的冰体。很多时候我们以为自己达不成那个目标，那是因为我们并没有看到海平面下自己的巨大潜力，也没意识到我们可以挖掘那部分潜力。我们要做的，就是在制定目标时，不要急着去想能不能实现，而是问自己，想不想实现。只要你想，只要你朝着那个方向努力，实现其实就是迟早的事。

知道了这两种误区，接下来我们看看如何找到自己的人生目标。许多妈妈会说：我就是找不到目标，我感到很迷茫。首先，我们来看看如何找到目标。其实不难，只要问自己，10年后，你希望自己成为怎样的人，或者说理想的生活状态是什么样的。虽然你可能会一愣，好像没想过。但是不要紧，现在，你就要去想，10年后的你，理想的状态是怎么样的，理想的生活是什么样的。记得把这些想法一条条记下来。如果你做起来觉得还是很难，好像想不清楚，那么索性把10年拉回到半年或一年，先定个小目标，比如，我想要减肥，我想要学英语。在你一个一个实现小目标时，你自然会慢慢看到自己的人生目标。

等我们把这些内容记下来之后，我们开始第二步，那就是"断舍离"。首先问自己：能把所有这些目标都实现吗？答案显然是否定的，那么看看里边哪些是欲望，把这些欲望的内容先删掉。删完再问自己：我现在还必须删除两样，那应该删除什么呢？请重复这个动作，直到你的目标只剩下不超过三项。

什么样的目标才能激发你，让你充满动力地去实现它？那就是这个目标能够利人利己。当我们讲利他时，总有人觉得这是情怀。可是，现在脑神经科学研究者已经证实了一点：当我们能够利他的时候，我们的大脑会分泌让我们产生幸福感的物质，这种物质的名字就叫"催产素"。你没有听错，就是我们女人生孩子打的催产素。催产素的分泌会让大脑判定这是奖励而不是威胁，于是我们就会感到开心和幸福。而进化学告诉我们，这是因为每一个物种都有一个利于自己进化生存的基因，其中一个就是不但要让个体生存，而且要让整个物种能够尽可能多地生存。所以，我们的大脑会在我们帮助他人时发出奖励指令，然后我们就会觉得很幸福。所以，如果我们人生的终极目标是获得幸福快乐，那么，我们在制定人生目标时，最好能想想这个目标是否还能为其他人创造价值。如果这个答案是肯定的，那你就能在实现目标的路上走得更坚毅更勇敢，而且当你实现目标时，也不会有"高处不胜寒"之感。

当我们有了目标之后，还得提升自己，让我们更加接近目标。具体可以怎么做呢？那就要了解别人的思维方式，补全自己的思维盲点，这也是高情商的一大体现。

首先，最为重要的是，我们必须承认我们自己的思考是有盲点的，也就是说肯定有我们考虑不到的情况，肯定有我们习惯性忽略的东西。虽然说这句话时你可能会下意识地想："我当然知道我有盲点。"然而你真的知道吗？

比如，你想给孩子选某所小学，你查了一些网上的信息，然后也听了几个妈妈的意见，觉得就是这所学校了。这时候先生说："这所学校比较'鸡血'，我们孩子受得了这么'鸡血'的教育吗？"但你很坚决地向先生论证这所学校如何如何好，甚至不惜去美化它。其实这就是我们思考有盲点的表现：当我们打算要做某件事，尤其是决心比较大时，我们可能会因为这个决心或者渴望太过强烈，想努力去证明自己的计划是对的，但对其中一些可能没想好的地方视而不见，这就是盲点。正如这个案例里，这位妈妈觉得自己已经想好了，在先生提出问题时没有思考这个问题，而是急着去证明她的选择是对的。其实这是非常危险的，可能孩子并不适合'鸡血'教育，而她又非要让孩子考这样的学校，孩子和大人后面都不好过。

所以，我们要时刻提醒自己，我们的思考可能有盲点。不要总是试图论证我们是对的，而是要多去论证你是怎么确定自己是对的。怎样才能消除这些盲点呢？一个办法，借助别人的视角看问题。当你在思考某件事时，你可以问问自己：如果是先生，他会怎么看呢？如果是闺蜜，她会怎么看呢？站在和这件事相关的人（或者你希望能给你提供意见的人）的立场，问自己，他遇到这个问题会怎么思考，这样你的思路就会拓宽很多。

当然，大家可能会说，我好像不知道别人是怎么思考的。没关系，这里教大家一个方法，这也是实现自我提升的一个特别棒的方法，那就是去认真思考和揣摩别人的思考角度和方式，然后从中汲取养分。如何做到呢？我们要学会"听中学"。

有一次，一位妈妈去参加一个会议，会议开始前有一个破冰环节，要求每个人都互相问三个问题，问题不限，但只有一分钟，接下来就要换人，与会者要根据这些信息判断并选择当天活动的合伙人。一圈轮完后，所有人再分享一下自己问了什么问题，为什么这么问。有一位说："我让对方和我互相讲三个优点和三个缺点，这样就能了解对方能否和自己互补，以及对方的缺点我能不能容忍。"还有一位说："我本来一开始是问别人你擅长什么，然后告诉对方我擅长什么，但后来和前面那位互相讲三个优点和三个缺点的聊完后，发现他这个角度比我更妙，因为我们不但能了解对方擅长点，还能互相了解缺点，所以我就改而问他这个问题了。"

可能大家会说，这我也会，看到别人做得好的，我就拿来用。但是请大家注意，我们不能只关注别人的结论，觉得好就用，因为这样的结果是你可能只知其然，不知其所以然。要用别人的思维方式补足自己的盲点，更重要的是我们要关注别人为什么会这么做，以及和自己的做法相比好在哪里。

"听中学"的一大拦路虎，就是选择性地听，只听能佐证自己想法的信息与自己完全相关的信息，却没有学习到别人的思维方式，也没有关注可能和自己想法相悖的内容。举个例子，同样是在阅读这本书，你是更关注每个案例里直接给出的解决办法，还是更关注为什么这么做、为什么本来能想得到但你却忽略了？两个关注视角会带给你完全不一样的学习收获。当你举一反三，把这些方法用在职场，甚至把前后内容贯穿起来找思路时，相信你是真明白了书中讲的内容，这些方法已经变成你的了。所以，请你在听的时候，多关注自己做得不够的、自己没有想到的，了解为什么别人这么想而你没这么想，这么想的优点是什么以及可以在哪里借鉴。总之，多多自省，你

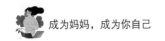

会有很不一样的收获。

最后要讲的就是，成长应该是终身的。

高情商，是每个人都想要的。相信经过前面的练习，你已经养成了高情商的思维模式，然而如果你停下成长的脚步，那它又会远去，毕竟大脑是用进废退的。

新西兰奥塔哥大学的博物馆，有一只令人印象深刻的巨鸟，叫作恐鸟，它身形高达3米，体型也很大。这种鸟在新西兰生活了很长时间都没有什么天敌，结果这个物种不但没有进化，相反还退化了。它们本身不会飞，原本体型并不大，跑起来很快。然而，到了19世纪欧洲人发现新西兰并开始移居这里时，这种鸟已经庞大到跑不动了，结果就变成了人类的食物，很快，十几万只恐鸟被消灭干净。

其实，人也是一样的，有时候我们因为岁月静好、不愁吃不愁穿，就放松了对自己的要求，结果我们的心智和技能开始退化，而等到有一天我们面对哪怕一点意外时，也会措手不及。特别希望每个妈妈，尤其是全职妈妈，要有那么一点危机意识，要有一丝的紧迫感。

最后，希望大家可以站在自然界的规律这个高度去理解进化，自然界的进化有一个终极目标，那就是让整个族群得以更好地生存。所以，当我们在持续进化，变得越来越强大时，请记住，这一切不是为了让我们把那些还没有发现这条路或者在这条路上走得慢的人踩在脚下，去俯视他们，或者认为他们不思进取。当我们自己日渐强大时，请抱着一颗慈悲的心去帮助那些还陷在情绪里无法理性思考的人，去帮助那些还没有找到好的进化方法的人，去帮助身边所有需要我们帮助的人。希望我们每位妈妈都拥有一颗强大的内心，你好了，你的孩子、先生和三个家庭就都好了，其实这就已经是在点亮自己、照亮他人了。

第二章

在家庭之外，实现自我价值

第一节 职场妈妈怎样突破人生瓶颈

第一课 拒绝完美主义,做快乐的职场妈妈

本课我们解决的重点问题是"拒绝完美主义"。

一、社会偏见让职场女性腹背受敌

电视剧《我们与恶的距离》一经上映就引起了大家的关注,里面有一句经典台词:"你们可以随便贴别人标签,你们有没有想过,你在无形之中也杀了人?"

其实在我们看来,女性、职场女性、职场妈妈也是一种标签,就像我们在日常生活中说"开车的是个女司机",听者就会秒懂为什么撞车了;我们说"她是一个职场妈妈",听者也会秒懂,她升迁无望了,被夹在家庭和工作中间一定很痛苦……

这种"秒懂",隐藏了这些标签背后的诸多偏见。

(一)"女人照顾不好孩子就不配当母亲"

相信不少女性都听过上面这句话,说这句话的可能是陌生人,也可能是你身边的朋友,甚至家人。他们之所以有勇气说出这句话,是因为有整个社会的"支持"。

应该有不少人看过在2018年上映的电影《找到你》,两位中年女演员姚晨和马伊琍作为主演,为我们生动演绎了一位在职场中奋力打拼的职场妈妈和一位选择为了孩子而活的农村妈妈的故事。姚晨饰演的女律师李捷,面临着如何平衡事业和家庭的两难。在职场上,她承受着远甚于男性的歧视和侵害,比如在帮大老板打完官司的庆功宴上,李捷被灌酒,还被大老板"性骚扰"。而在家庭中,因为精力过多投注到职场上,她没有太多时间照顾孩

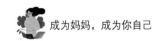

子，因此遭到丈夫和婆婆的苛责，并让婚姻陷入危机中。甚至连来自农村的保姆孙芳都不理解她，和李捷身边的人一起指责她——"女人照顾不好孩子就不配当母亲"。

前段时间看到张泉灵的一个采访，记者问她是如何平衡工作和家庭的，张泉灵是这么回答的："我明确告诉你，我讨厌这个问题，我认为女性企业家不需要承担这种压力。"

为什么男性企业家不用回答这个问题？男性企业家就不需要考虑如何平衡工作和家庭吗？为什么没有人指责职场男性——"男人照顾不好孩子就不配做父亲"？当家庭里需要有人牺牲事业照顾家庭时，为什么绝大多数都是女性选择放弃事业呢？

还有一个现象也非常值得大家关注。有数据显示，我国的从业人员中女性的比例高达46%，在全世界女性就业率中排名非常靠前，但有母婴室的单位仅有7%。即便一些公共场所设置了母婴室，也形同虚设。这一客观事实也反映了整个社会对于职场妈妈群体的忽视。来自社会和职场关怀的缺失，衍生出了"背奶妈妈"这个特殊角色，而不少妈妈在这个阶段因为加班、开会等原因无法按时挤奶，导致乳腺发炎。原本可以母乳喂养至1岁多的宝宝，不少在6个月时就被迫提前断奶。

随着以上各种问题而来的，是家人的抱怨和妈妈内心的愧疚，这让职场妈妈在心理和生理上同时遭受煎熬。

（二）职场，残酷如斯

几乎每一个职场女性都会受到这样的待遇：当你生完孩子回到职场，你的上司往往会非常"好心"地把重要的项目交给其他同事做。

遭遇这种待遇的包括很多成功女性，比如畅销书《向前一步》的作者，曾任谷歌全球在线销售和运营部门副总裁、现任Facebook首席运营官的谢丽尔·桑德伯格。在谷歌，当她要去生孩子时，就有不少好心的同事主动过来帮她承担工作，建议老板重新调整部门架构，有些人甚至直接跟老板说，桑德伯格可能不会回来工作了，所以要赶紧让大家着手分担她的工作职责。

国内也有不少企业的女高管，当生完孩子回归工作岗位后，发现自己已经被核心团队疏离，"发配"到了周边业务中。中层和底层员工的命运更是如此，被替代似乎是注定的事情。不少公司的中层领导生完孩子回来后发现，自己带出来的团队已经归属于曾经的下属。公司层面给出的理由都很充分："毕竟你要照顾孩子，没有那么多的精力投入工作中，为了不耽误你照顾孩子，工作上就由更年轻、家庭负担更轻的同事去承担吧。"

曾经有朋友诉苦："当我决定要去生孩子时，公司要招一个人做我的替补，而且明确表示最好是男的！"这个倾向已经完全把当今社会的职场潜规则曝了出来。

（三）来自家庭的偏见对女性伤害更大

2019年4月首播的日剧《坡道上的家》，正面探讨了中国社会和日本社会都存在的一个典型育儿模式——丧偶式育儿，当然也探讨了妻子想要重新走向工作岗位时来自家庭的重重阻力。尤其是当妻子全职在家时，丈夫对育儿大小事务一概撒手不管。如果彻底不管也还好，但偏偏丈夫、婆婆这些人，常常会冷不丁地冒出来指责妻子的做法。

当妻子有机会重新踏上工作岗位时，更是被丈夫、婆婆抓住了把柄，指责她不照顾孩子、不是个好妈妈、不是个好妻子、不是个好媳妇。正是在这种畸形的世界里，才出现了不少负面甚至是极端事件，比如说夫妻一方伤害孩子的恶性事件。

这个社会对职场女性有太多不公平的声音。但是，即便现实环境对女性如此不友好，仍然有越来越多的女性选择坚持生育和工作。因为，这是身为女性的骄傲，是现代女性敢于做自己的象征。

二、不放弃工作，勇敢做自己

女性似乎天生就需要处理更多的角色平衡问题，也许正因为这种天赋，更多现代女性选择不放弃工作。

（一）坚持自我，实现自我价值

不少女性存在一个错误的认知：孩子是我的一部分，我为了孩子而活。于是，为了孩子辞去工作，生活的一切都围绕孩子，脑子里只有孩子的

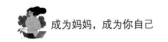

事……让孩子成功成才，成了这些妈妈生活的核心目标。

然而这些妈妈忽略了一个事实，那就是：孩子是一个独立的个体，不是谁的一部分；妈妈也是一个独立的个体，把养育孩子当作自己的唯一追求，这种爱注定是畸形的，不仅伤害了自己，更伤害了孩子。

选择坚持工作，其实是妈妈在选择坚持自我：不会因为孩子而放弃自己喜欢的事情，不会忘记要去实现自己的价值。如果妈妈能在一份工作中学到新的技能，并且更快乐、更满足，那就意味着妈妈在不断发展和完善自我。

而如果妈妈为了孩子放弃自己的事业，在没有充分做好心理准备、调整好情绪时，妈妈会不自觉地将这种不良情绪传递给孩子。比如，当孩子的功课不够好时，有些妈妈会在发脾气时情不自禁地说："我为你放弃了自己的事业，你还这么不争气!"孩子会感觉很无辜，因为他并没有要求妈妈放弃事业来陪自己啊!

当自我价值实现时，妈妈是会由内而外充满正能量的，这个时候陪伴孩子、养育孩子的效率也是最高的。所以，不要再轻易地为了孩子而放弃工作，要敢于坚持自我，实现自我价值。

（二）你希望孩子是什么样的人，你就要做什么样的人

央视"当家花旦"董卿在谈及孩子时说："我应该很努力地把自己变得更好，让他在未来真正懂得的时候，他对于你有爱也有尊敬，他从你身上可以学到一些好的品质，我不想放弃我继续成长的可能，我不想因为他我就变得止步不前了。"

在许多父母被如何教育孩子的话题包围，把自己搞得焦头烂额时，董卿告诉我们一个最简单的又是最难做到的方法：你希望孩子成为什么样的人，你就去做一个什么样的人。

身教大于言传。我们作为家长，自己不爱看书，爱刷手机，却总是希望孩子满腹诗书。有一位家长，下了班习惯性地一边让儿子学习做作业，一边自己在旁刷剧。有一天她和儿子大吵了一架，起因是她不让儿子看电视。儿子控诉："为什么你总是惩罚我做很多卷子？为什么你能看手机，我却不能看电视？知不知道活到老学到老，给我检查作业的时候不能再用计算器，这

对我不公平。"

这个例子说明孩子想要的是公平，凭什么妈妈可以看手机刷电视剧，而他就只能做个学习的机器？

还有位家长，把家里客厅的电视机搬到储藏室去了，把客厅改造成了公共书房，一家人吃完晚饭就一起看书，孩子在父母的影响下，喜欢上了看各种文学和历史类书籍。

你想让孩子成为什么样的人，就先自己做到，孩子会把你当成榜样来模仿的。

（三）父母都拥有属于自己的职业，家庭会更幸福

谢丽尔·桑德柏格在她的著作《向前一步》中提到：当父母都拥有属于自己的职业时，孩子、父母以及父母的婚姻三方面都受益无穷。分担经济来源和抚养下一代的责任会减轻妈妈的负疚感，如果父亲提高对家庭事务的参与度，孩子也会更开朗、更健康。

职场妈妈担当多个角色，这使得她们对生活、对自我的焦虑更少。职场女性可以拥有更稳定的收入和婚姻，更健康的身体，对生活的满意度也会提高。这对孩子的影响是很大的。

2019年有一部很火的电视剧《我们都要好好的》，剧中的女主人公为了家庭和孩子而放弃了自己的事业，在孩子上了幼儿园后，她经常感到孤独，不知道自己可以干什么，最后得了重度抑郁症，差点自杀。医生跟她说，先放下别人，管好自己，才能从根本上治愈抑郁症。

先学会爱自己，才能更好地爱他人。职场妈妈亦是如此。

三、记住：你不是"女超人"

"如何平衡家庭和工作"，这本身就是个站不住脚的伪命题。因为没有谁能真正做到平衡家庭和工作。

一个人同时追求职业和个人生活上的成就，从某种意义上讲，这很值得尊敬。但是，"拥有一切"是女性遭遇的最大陷阱。既想做完美妈妈（别的妈妈能给孩子的、能陪孩子的，她做不到就觉得对不起孩子），又想做职场

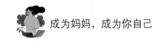

精英（别的职场女性可以叱咤风云、一路拼杀逐级晋升，她做不到就觉得对不起公司、对不起自己），这本身就是妄想。许多职场妈妈被困在这个伪命题里。

但是，你不是"女超人"，你没有必要这样逼自己。面对职场和家庭两大重担，该怎么做才最合适呢？

（一）放下负罪感，做那些对自己和家人来说最重要的事

不要觉得在事业上投入了大量的精力，就亏欠孩子和家人。美国国家儿童健康和人类发展协会曾牵头，联合30多个研究儿童发展的专家，针对1000多名儿童进行了为期15年的跟踪研究，结果发现：由母亲专职照料的孩子和那些由母亲与其他人同时照料的孩子在个体发展上并无不同。但是有一点值得重视，父母的行为因素对孩子的影响比任何形式的看护照料要多出2～3倍，这些因素包括夫妻责任心强、积极乐观，母亲主张让"孩子自主行动"，以及较高的夫妻感情亲密度。

因此，妈妈们没有理由认为自己选择工作就会对孩子不利。我们无法像全职妈妈那样每时每刻地陪伴孩子，无微不至地照顾孩子，但这绝不意味着我们是失败的、不合格的妈妈。因为我们可以"抓主要矛盾"，选择那些对孩子和家人来说最重要的事，来增进自己和孩子、家人间的亲密关系。这甚至比时刻陪伴的意义更加重要。

不管怎样，我们希望更多的职场妈妈能放下这种负疚感，选择做职场妈妈的那一刻，就意味着我们无法成为一个完美妈妈。

比如，如果不出差，早上没有早会、没客户来访，一定自己做早饭，和孩子一起享受早餐，吃完后送孩子去幼儿园，孩子会和你说："妈妈，谢谢你对我的付出。"那一刻，你内心应该是非常感动的。

我们要追求的不是完美，而是可持续、可实现的计划。

（二）忘掉恐惧，有意识地做出选择

职场女性的恐惧，有一种来自她们根深蒂固的认知：在事业上过于活跃就会牺牲个人生活，无法面对生活中的挑战。她们害怕不被人喜欢、做错选择、引来负面关注，更害怕变成糟糕的"母亲、妻子、女儿"。

如果没有上述恐惧，女性就能自由地追求职业生涯的成功以及个人生活的幸福，并且能够自由地选择前者或后者，甚至是两者兼顾。可是，时间如此宝贵，我们又为何非要把那么多未知的、不确定的，来自别人的判断放在心里呢？与其停在原地不知所措，不如迈开步子大胆行动。

更好的做法是有意识地做出选择，这是为生活和事业腾出空间的最好方法。在刚刚成为母亲的时候，我们可以把主要精力放在母亲这个新的角色上，比如孩子刚出生的前3～6个月，不论工作多么需要你，你都要在此时把重心放在孩子身上。

在孩子可以交给其他可靠的人或社会机构照顾后，职场妈妈可以逐渐将时间和精力分配到工作上。同时，学会选择在更关键更重要的时刻陪伴孩子，比如，孩子上幼儿园的第一天、孩子参加重要比赛的日子、孩子的毕业典礼等；也可以抓住一天当中的几个时刻，做好亲子互动和亲子陪伴。

同时，在工作中职场妈妈也要有意识地做出选择。准确了解上级和部门的工作规划后，清晰设定自己的工作目标，区分工作任务的优先级，以便更有效地完成工作。

第二课 智慧妈妈的生活艺术你也可以拥有

我们所处的现实环境，来自社会、职场和家庭的压力，扭曲了我们对家庭与工作之间关系的认知。上一课让更多的职场妈妈意识到：没有必要因为选择了继续工作就对家庭和孩子心怀愧疚。在社会环境无法彻底改变的当下，我们首先需要做的是：放弃完美主义，放下负疚感，告诉自己我们不是"女超人"。

当然，我们提倡这种理念，并不意味着职场妈妈就可以忽略妈妈、妻子的角色。要知道，妈妈在一个家庭当中扮演的角色是谁也替代不了的。所以，身为职场妈妈，需要拥有更智慧的生活艺术，这样才能让自己游刃有余地在家庭和工作间转换角色。

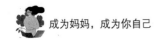

一、生活就要"断舍离"

我们生活在一个消费主义盛行的时代，各大电商公司会巧妙地利用各个时间节点，对消费者疯狂地发射糖衣炮弹，使越来越多的人习惯于为未来买单：以后宝宝用得着，囤；这个款式的衣服家里没有，囤；这件家具看了很久终于降价了，囤……

人人都在被兜售"焦虑"，以为将自己家里的空间填满，就会生活得更幸福。其实，停止为未来买单，学会享受当下的美好，敢于用"断舍离"的态度对待生活，才是真正的大智慧。

（一）减少物品维护时间，解放大脑"带宽"

相信很多妈妈都是热爱生活的人，认为买东西就是在给生活乐趣加砝码（"用漂亮的餐具盛上食物，吃饭的心情都不一样"），如果刻意减少物品，生活会不会就变得很乏味呢？

习惯"断舍离"、追求极简主义的人，并非对物质没有欲望。就像大家熟知的美国苹果公司的创始人乔布斯，他那一身黑色T恤加牛仔裤不知道迷倒了多少追随者。殊不知，乔布斯的黑色T恤是日本著名服装设计师的私人订制款。

"断舍离"不是让大家断掉对物质和品质生活的追求，而是希望大家不要盲目追求物质的数量、盲目关注未来的需要，倡导大家更多地关注当下：当下的你是否喜欢某件衣服，是否需要某件餐具，而不是总想着"总有一天会用得上"。用数量有限但件件精致的餐具，点缀你的餐桌，每一餐都可以吃得赏心悦目；买数量有限但件件精致的衣服，每一套都能穿出自己的风采。

我们能把握的只是"当下""现在"你是否喜欢。如果一件物品你现在不喜欢了，马上用二手物品交易App卖掉，或是送给能用得上的朋友。不穿的旧衣服可以随时处理掉，比如清洗干净放到小区里面的旧物捐赠箱里。

行为经济学领域的重磅著作《稀缺》一书生动而深刻地阐述了我们是如何陷入贫穷和忙碌的。书中提到每个人大脑的"带宽"都是有限的，当你的注意力被分散在许多零散、细小的事件上时，你就无法关注到核心问题。当你把时间都花在打理无关紧要的事物上时，你不仅无法享受高品质的生活，还会陷入忙碌的陷阱中，让大脑变得越来越笨。

所以，"断舍离"解放的是我们大脑的"带宽"，这对我们和孩子来说都是非常重要的。

（二）整洁的环境有助于孩子智力的提升

看到漂亮的童装，就要买给孩子穿；看到益智的玩具，就要买给孩子玩。这是大多数父母的行为。不少家庭的储物间里都是孩子的玩具，你下班回到家最常见的场面就是：孩子的玩具扔了一地……

你以为这是满满的"爱"？大错特错。

成人的世界里有"选择恐惧症"，当你面对较多的选项时，你会焦虑、恐惧，不知所措。对于幼儿来说也一样，如果你把孩子放到一个满是玩具的屋子里，他会焦躁不安，甚至大哭大闹。因为，过多的玩具分散了孩子的注意力，他不知道该玩什么，更不会在同一件玩具上投入太多时间。长此下去，不仅会导致孩子性情浮躁，甚至还会严重阻碍孩子的认知能力发展。所以，你看到好看的童装、好玩的玩具时，可要注意控制自己了。

美国有学者认为：一段时间内给孩子的玩具不要超过5个；一次性给孩子的玩具，最好不要超过3个。

日本曾有心理学家建议：4岁以上的孩子，每个季节的衣服无须超过5套，甚至更少，就完全能满足孩子的需求了；给孩子提供的鞋子，不要超过3双（含家居拖鞋）；帽子不超过1顶。

总之，能少则少，满足实际需求即可。整洁的房间，能让孩子更专注地投入玩耍与探索。

二、将家务可视化，省时又省力

对于许多职场妈妈来说，家务是一项基本工作，不少妈妈对此苦不堪言。但假如，你能把这项工作常态化，列为早上、晚上、周末、月末的例行工作，那就简单多了。那么，具体怎样操作呢？分享一些经验，希望对你有

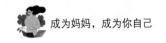

所帮助。

（一）按时间轴来规划家务

前一天晚上：

为了不让自己一早醒来就焦头烂额，可以选择在前一天晚上做好功课。比如，准备好孩子第二天的衣物，尽量让孩子自己选择穿什么去幼儿园；和孩子一起整理背包；准备好第二天去幼儿园需要用到的东西，也可以在这个过程中发现孩子是否忘记将学校的通知书交给你。

利用孩子入睡以后的时间处理一些工作的事情，比如当天没有完全处理好的报告、文件资料、邮件等，也可以提前准备一下第二天开会需要用的资料，准备好自己的发言等。

早上：

每天早上顺利地叫醒孩子，洗漱收拾，按时吃饭，让孩子拿上书包去幼儿园，这是每个妈妈心里最惦记的事。

首先是起床穿衣和洗漱，这个环节真的非常考验你的智慧。最好的办法是帮助孩子养成早睡早起的习惯，培养孩子的生活自理意识和能力，不要什么事情都替孩子做。在孩子刚刚上幼儿园的时候，妈妈可以陪孩子一起做起床游戏，比如，把孩子起床比作飞机起飞，让孩子张开双臂准备穿衣，把它们比作飞机的翅膀，等等。用游戏鼓励孩子养成习惯。

吃饭的习惯也需要在这个时期帮助孩子养成。你在准备早饭的时候，一是可以提前跟孩子商量，询问他的选择；二是准备样式丰富的早餐，在保证孩子成长发育的同时，尽量提高他们对吃饭的兴趣。

晚上：

许多职场妈妈无法每天陪孩子一起吃晚饭，但如果条件允许的话，尽量保证每周和家人共进晚餐1～2次。如果实在没有时间陪孩子一起吃晚饭，那一定要提高晚上的亲子陪伴质量。陪孩子阅读故事、练习英文、动手做游戏，听孩子讲白天在幼儿园发生的事，等等，这些环节必不可少。

周末：

周末时光，最好是全家一起度过，比如一起吃个晚饭或者一起去公园玩耍、嬉戏。除了这些美好时光，还可以约定一些集体劳动，比如每周一次大扫除。爸爸做什么、孩子负责什么，全家一起参与到洗衣、扫地、做饭等家务劳动中，也是一件非常棒的事。

月末：

妈妈们不要忘记给自己留一些独处的时间，月末的时候可以安排一天独属于自己的时间，可以宅在家里看看书，或者出去和朋友聚一聚。

（二）提前计划，搞定做饭这件事

日本作家黑柳彻子创作的儿童文学畅销书《窗边的小豆豆》记录的是她上小学时的经历，书中所描绘的小林校长对学生的关怀无微不至，他还充满创意，注意保护孩子的天性，值得我们每一位家长学习。在学校，所有的孩子一起吃午饭是一件特别壮观和快乐的事。小林校长会问："大家都把海的味道和山的味道带来了吗？"

既想让孩子喜欢吃饭，又想让孩子吃得健康，妈妈们不如也来些创意：每天给孩子准备食物的时候，也让孩子去感受什么是"海的味道"，什么是"山的味道"。

大家可以参考以下早餐食谱：

周一，牛排、西兰花、胡萝卜、牛奶；

周二，小米粥、手抓饼、荷兰豆炒番茄、玉米、番薯；

周三，番茄豆腐汤、小花卷、白煮蛋、玉米；

周四，银耳羹、手抓饼、玉米、番薯、咸鸭蛋；

周五，水蒸蛋、刀切馒头、水煮花生、拌凉菜（包心菜、胡萝卜、黄瓜）。

周末，可以煮个粥，蒸几个蛋，再配点玉米、胡萝卜、山药、番薯、小菜等。

家里可以多备一些预制菜、半成品菜，比如手抓饼、牛排等，操作方便，简单又营养。

对于孩子来说，穿衣吃饭和玩耍都是他们成长与学习的关键时刻，妈妈们可不要错过了。

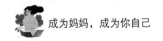

三、培养家人、朋友成为自己的后备力量

职场妈妈一定不要处处都逞强，智慧的职场妈妈都会培养自己的后备力量，毕竟我们谁都没有三头六臂，总会有事情堆积在一起让我们无法分身。身边多一些帮手，困难就会少很多。

（一）学会放手，让孩子和丈夫来分担家务

许多妈妈在有了孩子之后，会不自觉地对手足无措的丈夫投出"绝望"和"放弃"的眼神，决定自己掌控一切。殊不知，这在无形中打击了男人分担家务、扮演父亲角色的积极性。

社会科学家将女性的这种挑剔叫作"固守母职"。有位妈妈就是这样，先生烧饭，她总是嫌弃，觉得不是油多了，就是盐多了，结果说过几次后，先生终于生气了，很不开心地说："嫌不好吃就自己烧，以后烧饭的事我不管了，你烧得好吃就你干吧！"

如果你希望你的另一半变成你真正的人生搭档，首先你得把对方看成和自己地位平等、有同样能力的好伙伴。有研究显示，与在家务上跟丈夫共同分担的女性相比，"固守母职"的女性一周会多干5小时的家务。所以喜欢"固守母职"、看不上爸爸的妈妈们可要转变观念了，学会放手，让爸爸和孩子都参与到家务活动中来吧！

比如，每天的早饭妈妈做，那爸爸就洗碗、收拾桌子、丢垃圾。周末全家大扫除的时候，爸爸就负责最需要耗费体力的厨房、卫生间的打扫。一些简单且不需要耗费太多体力的家务活，可以交给上幼儿园的孩子，比如整理自己的房间、玩具箱，和爸爸一起去丢垃圾、学习垃圾分类等。

（二）重视他人的力量，父母和朋友也可以依靠

所谓重视他人的力量，就是不要觉得接受他人的帮助就是给人添麻烦。很多时候，交情或者感情都是在彼此帮扶中建立并且更加深厚起来的。

朋友在关键时刻能给我们提供雪中送炭般的帮助。有位妈妈的孩子上小学，双方的老人家里都有事不能帮忙带孩子，而这对夫妻还都是工作狂。有次刚好赶上两人要同时出差3天，情急之下，夫妻俩一商量，就把孩子送到

了经常一起玩的朋友家，让朋友带了3天，帮了大忙。

平时和邻居也要结成盟友。小米一直是她妈妈帮她看孩子，有次周末，她妈妈在去买菜的路上被电动车撞了，还挺严重。当时她正陪着孩子在上课，老公又出差，只好临时拜托邻居帮忙接孩子，自己赶到医院去给妈妈办理各种手续，临时找陪护……这就是所谓的"远亲不如近邻"吧。

点点妈是一位创业者，工作日晚上，她也很少能赶回家里吃饭，平时多亏公婆帮忙照顾孩子。

职场妈妈不是铁打的，不必事事都亲力亲为。能获得家人、朋友、邻居的帮助，对我们来说都是莫大的幸运。

第三课 工作管理术，让职场生存更有温度

身为职场妈妈，我们该如何兼顾工作？这是我们今天要重点讨论的话题。

一、完成角色转换，忘掉你的"妈妈"身份

每一个选择回到职场的妈妈都会对孩子心存愧疚，因为自己无法像全职妈妈那样有更多的时间陪伴孩子，尤其是那些刚刚休完产假重返职场的宝妈，她们内心的纠结与内疚表现得更直接、更严重。

那当孩子3～6岁的时候，是不是就意味着妈妈的内疚感要少了很多呢？显然不是。因为这个时候的孩子要经历他们人生中的第一个重大变化：上幼儿园。他们要去跟更多的陌生人打交道，要学会社交，学会认识和控制自己的情绪，要适应与父母家人分离。孩子不仅在心理上要适应这些变化，在身体上也要面临在群体中容易被传染疾病的风险……等他们即将进入小学的时候，还要提前适应小学的学习生活，逐渐习惯通过文字、符号学习知识，而不是通过图片和动画……所以，这个年龄段的孩子也特别需要父母的陪伴和引导。

因此，职场妈妈的内疚和焦虑从来就没有停止过。背负着这些情绪开展工作，处理不当的话，就很容易在工作中表现得不专业，甚至很糟糕，让公

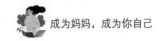

司怀疑你的价值。

假如你是一个部门的领导，团队里有一个孩子正上幼儿园的妈妈，或者假如你就是一位职场妈妈，那下面这些场景你都不会陌生：

一大早就收到微信消息（或发信息给领导）："对不起，小孩半夜又发热，今天得请假带他去看医生。"虽然这已经是她这个月第三次请假，虽然今天还有个重要会议要开，但你也得关心地安慰她："好好照顾孩子，希望快快好起来……"

节假日公司排班的时候，职场妈妈往往都是"假期要陪孩子，不能加班"。

她们（或你）可能还会在很长一段时间内，都是最后一秒上班打卡，第一时间准时下班，上班上到一半突然接了电话就拎着包回去了……

假如你只是有这些行为表现，但丝毫没有影响你的工作，那公司也可以忍耐和接受，但假如你的工作态度和工作业绩统统打折扣，导致很多工作停滞不前，公司只能劝你换岗，也就是暗示你离职……

我们知道职场妈妈的工作表现不如以前都是因为孩子，即便她们知道这样的表现不好，也会为了孩子一而再再而三地违背公司制度、触碰领导的心理底线。但是，一旦选择重返职场，投入正常的工作中之后，你就不能因为妈妈的身份而降低对自己的要求。要放弃完美主义，不要总想着当一个完美的妈妈。因为公司不会因为你是职场妈妈就降低对你的要求，同事不会因此而给你大开方便之门。职场中是没有特殊化可言的，一切都要靠你自己的实力说话。换句话说，因为我们是职场妈妈，要兼顾家庭，所以别人会给予一定的谅解和支持，这是他们的善意。但我们不能因此就认为自己可以逃避责任，这是在伤害他们的善意。

所以，身为职场妈妈，我们需要尽量做到：

第一，从走进办公室的那一刻开始，学会把家庭和孩子的事情抛开，全身心地投入工作中去。丢掉你内心的那种内疚感，既然工作是个人价值的体现，那就要好好把握工作时间。在公司和领导面前，不宜过多地考虑自己的生活有多大的难处，过分地强调自己的家庭和孩子，这样只会对自己的发展不利。公司就是靠实力说话的地方，有实力才会被重视。如果你的表现不突出，不能为公司创造价值，那么即使你有再多的苦衷，也没办法在职场中立足。

第二，学会管理自己的情绪。下班回家前收起工作中的情绪，积极回应孩子的需求和生活中的各项事务；离家上班时，收起生活中的情绪，积极应对工作中的各项事宜。这听上去好像是在苛刻地要求职场妈妈，但在角色转换之间，最考验我们的就是情绪管理能力。妈妈们要懂得转移注意力，合理宣泄情绪，千万别钻牛角尖。

第三，传递积极的态度，获得公司和同事的信任。比如，你可以把自己的工作日程公开，明确工作交接的时间节点，给同事们的印象就会是"她会在家处理工作"，而不是"老找不到人"。别人有问题找到你，不要表现出不耐烦，尽量提供明确的指示和适当的帮助。当有工作交接给你时，学会给上司一个积极的答复，让他知道即便你做了妈妈，还是和以前一样精力旺盛，有良好的工作状态。

二、学会发挥职场妈妈的工作优势

现实中，我们对职场妈妈的关注更多地集中在她们努力维持"家庭和事业"平衡的艰难处境，却往往忽略了职场妈妈所具备的天然优势。这本身也是人类的通病——喜欢把注意力集中到负面的、不好的事情上，就像大家都习惯性地关注一个人的缺点一样。

事实上，当了妈妈的职业女性，工作能力反而会更上一层楼，成为企业的宝贵资产。职场妈妈都有哪些天然优势呢？

（一）目标感更强，工作效率更高

由智联招聘发布的《2019年职场妈妈生存状况调查报告》显示：职场妈妈"经常或偶尔出现缺乏工作斗志"的比例最低，为67.3%；已婚未育的职场女性排在次位；未婚女性人群中缺少斗志的职场女性占比高达73.3%。而且相对于其他女性群体，职场妈妈的工作忠诚度更高。

不同的人生阶段，人生阅历和生活智慧的段位不同，有了婚姻和养娃的

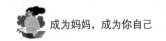

经验沉淀，女性的心理调节机制也更成熟。她们也会焦虑迷茫、对未来充满恐慌，但是她们不会因此而轻易放弃当下，或者因为未来的不确定性而对当下犹豫不决。

因为经历了婚姻和养娃的心路历程，她们更清楚自己想要什么，她们也清楚为了得到自己想要的，她们可以为此做出哪些努力。假如回到5年前（你还未结婚生子），让你选择你最想做的事，你会选什么？保持身材、好好读书、多交朋友、多存点钱、学好外语……

我相信那时的你面对众多的可能性，会表现得犹豫不决，觉得哪一条都很重要、都想选，但却因为目标不集中而迟迟没有展开行动。同样的问题，再问一问现在已经结婚生子的职场妈妈，有些人毫不犹豫地选了好好读书，有些人从容淡定地给自己列了个清单，排了个优先级……

这是妈妈这一角色赋予职场女性的优势：更好地安排工作/事务的优先级。因为职场妈妈几乎都经历过这些画面：正在给娃洗脏衣服，他却哭闹起来了；娃突然生病，要陪他去看医生，而公司会议按计划在上午10点开始……经历过这些措手不及，甚至更多的手忙脚乱之后，妈妈们早已学会区分这些事情的轻重缓急，这也意味着她们更能适应多线程的工作内容，这在职场中是非常重要的一项技能。

就像曾任职雅虎CEO的梅耶尔说的那样：母亲的角色会让我们更懂得如何管理，因为我们的每一分钟都必须提高效率。

（二）同理心更强，更擅长人与人之间的沟通

一位妈妈在生孩子前一直做销售，业绩也不错，但生完孩子回到工作岗位后，她发现自己再也无法适应这份工作了，因为经常性的出差几乎让孩子忘了妈妈，照顾孩子就更加是痴心妄想了。

当她不知如何是好的时候，由她负责销售给客户的机器设备出了问题，客户服务部的同事与客户吵得不可开交，甚至要闹上法庭。这位妈妈因为与对方的经理比较熟，就被委托做最后的沟通。没想到在她听完客户的申诉，用极大的耐心分析解释后，客户居然同意可以进一步协调解决，但条件是只与她谈，因为她比较好沟通。此后，这位妈妈就正式提出申请调入客服部，

专门解决客户与公司的矛盾与分歧。这个岗位不仅满足了这位妈妈当下平衡工作和家庭的需求，也充分发挥了她更加包容、有耐心、善于沟通的职场优势。

智联招聘携手中国与全球化智库（CCG）发布的《2018年职场妈妈生存状况调查报告》显示：关于"成功女性"标准的定义，"拥有幸福美满的家庭"和"拥有受人尊敬的人格魅力"是职场妈妈们心中最重要的标准。显然，在职场妈妈的价值体系中，成为更好的自己和构建更美好的家庭是密不可分的。

事实上，做了母亲的女性，她们的同理心会变得更强。因为，无论是和孩子沟通、安抚孩子的情绪还是陪孩子玩耍做游戏，妈妈们都需要敏锐的观察能力和快速的反应能力。既然妈妈们能从不会说话的婴儿、不善表达的幼儿的表情和行为里阅读到这些变化，那么，应对情绪失调或者士气不振的下属和同事，会是小菜一碟。

正如美国的"大脑健康之父"亚蒙（Dannel G. Amen）博士所发现的那样，相比男性，女性大脑具备5个独特的优势：直觉更敏锐、对情绪更敏感、更善于与人合作、自控力更强、更加警觉。这些特点让女性更有担任领导的潜质。因为在与孩子相处的过程中，她们能更加深刻地理解下属和同事，尤其是下属和同事的情绪变化，然后通过沟通了解，迅速发现问题所在。

三、放宽视野，重新评估和选择自己的事业

看到这里之后，身为职场妈妈的你会不会觉得豁然开朗呢？原来自己身上有那么多的职场优势，此前却都被负面的情况蒙蔽了。其实，职场妈妈所拥有的优势不止如此，有些妈妈在经历重新回归职场后的纠结与困惑后，学会了重新评估自己的事业，反而因为"妈妈"这一角色而突破了自我。

比如一位妈妈的留言："生娃前的自己一人吃饱，全家不饿，毫无上进心，事业一般。生娃后的自己为母则刚，想要给女儿做一个好榜样，不能再做一个毫无上进心的人。于是结合自己的实际情况，在职场上找到新方向，

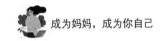

并努力学习，完成了从秘书到软件质量工程师的转变，只用了两年的时间，我都佩服我自己。"

还有不少女性，在备孕、怀孕、生产期间，为了全面了解孩子不同的成长阶段和需求，阅读了大量的儿童心理学、教育学的科普文章和相关的研究专著，不仅了解到了孩子的成长规律和如何当一名合格的好妈妈，还在自我学习的过程中，不断深入挖掘，以研究的心态找到了新的兴趣点，并持续不断地探索。

更难能可贵的是，她们不仅自己学，学完之后还会推荐给身边的朋友，有些妈妈还会直接动手做笔记写文章。这样的经历成就了不少育儿类的自媒体人、儿科医生、营养专家，她们的事业从生娃前单一的普通的职场女性角色，发展成兼具自媒体人、育儿专家等在内的多重身份。可以说，这样的经历直接改变了她们的事业路径，让她们的人生大放光彩。

比如说李一诺，她本身是麦肯锡全球合伙人，在麦肯锡第10年她成为盖茨基金会北京首席代表。因为这份工作，她开始关注教育创新和教育公平，关注北京流动儿童的教育问题。2016年，为了实践自己的教育理念，她在北京创办了一土学校。促使她最终走向教育这条道路的，除了她内心不断突破自我的探索欲以外，还有非常重要的一条，就是她是三个孩子的妈妈。她现在向外界传递出来的信息，更多的是她作为一个妈妈在日常生活中陪伴和教育三个孩子的心得感悟，她同时是一个妈妈和一个教育者。

还有央视前主持人李小萌。人生第一次当母亲，她很焦虑。为了教育好自己的女儿，她开始阅读许多育儿书，借着自己媒体人的敏感嗅觉，她又开始关注中国家庭教育，并因此推出了关注中国家庭教育的访谈栏目，离开央视开启了自己的第二份事业。她还因此涉足新兴的知识付费领域，开设了自己的付费专栏，成为学习型妈妈的引领者。

诸如此类的例子还有许多，不少女性因为做了妈妈而选择从事与孩子相关的工作，去做育儿类图书、网站、公众号的编辑，从事教育事业，等等，开启人生事业的新篇章，并最大化地发挥自己的价值，影响更多的人。

所以，职场妈妈完全没有必要将自己束缚在那些落入俗套的陈词滥调里，要学会发掘和培养自己作为妈妈的独到优势，敢于让自己不断"向前一步"。让自己变得更加优秀，这才是我们对孩子最好的教育。

第四课　什么时候都不能忘了"爱自己"

想要做好职场妈妈，什么时候都不能忘了"爱自己"。

一、你才是自己人生的主角

职场女性需要扮演多重角色：妻子、妈妈、员工……在多重角色的转换中，女性最容易迷失自我。要做一个好妻子，满足丈夫的需求；要做一个好妈妈，满足孩子的需求；要做一个好员工，满足领导和下属的需求……

如果职场妈妈脱离了核心角色——"自己"，就非常容易在忙忙碌碌中活成了别人期待的样子，在未来的某一天，职场妈妈会突然发现，自己不知道该为什么而活了。

由梅丽尔·斯特里普领衔主演的奥斯卡经典影片《克莱默夫妇》，就将视角聚焦到了家庭中的女性。克莱默夫人乔安娜长期被忙于工作的丈夫忽略，她忙于照顾家庭、处在没有自我的状态下。她在某一天突然觉醒，她再也无法忍受这样的日子，在丈夫拿下一个大客户怀着喜悦的心情回家打算庆祝的一个晚上，她突然收拾了所有行囊，抛下丈夫和儿子离家出走，并提出和丈夫离婚。一年后，她和前夫再次相遇，此时的她已经找回自我，变得容光焕发，成了一名设计师，并且敢于为了得到儿子的抚养权而打官司。

虽然最后她被前夫在法庭上的陈词感动而不再追究儿子的抚养权，虽然在20世纪70年代为了凸显女性的觉醒，影片让乔安娜选择了抛家弃子这一相对极端的方式，但是乔安娜在觉醒前后的挣扎状态，于我们今天的现代女性而言，并没有明显的差异。如果你的人生主角不再是自己，你也必将会陷入乔安娜式的挣扎。就像一位妈妈，她自己本身是复旦毕业的高材生，她和老公的事业都不错。后来因为孩子，加上家里的经济条件不错，他们一商量，这位妈妈就决定在家全职带孩子。过了两年又生了二胎，此时这位妈妈的心态就发生了很大变化，没了以前的自信。老公忙起来照顾不到孩子和她

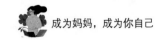

的情绪，她就经常无理由发脾气，还总是疑心老公有外遇，最后甚至跟老公闹离婚。等这位妈妈后来冷静下来，找了多年的朋友聊完这件事后，她才发现自己因为整天围着老公、孩子转，没有了自己。当别人不在你视线里时，你就害怕了。

这位妈妈是个很聪明的人，在明白了事情的本质后，回去整理了一下心情，和老公开诚布公地聊了两个小时后，她决定重返职场。如今，她又神采飞扬地奔波在各个城市，和老公、孩子的关系处理得非常好，该做什么就做什么。

通过上面例子，也许你可以了解到，你没有必要为了孩子而放弃自己的工作和自己的兴趣爱好；当然，你也没有必要仅仅为了一份工作，而放弃家庭和自己的兴趣爱好。

所以，当你觉得自己陷入了家庭和工作的两难选择中时，当你觉得自己陷入了乔安娜式的挣扎时，你可以停下来，问问自己：我的人生目标是什么？

你是想沿着社会给女性设定的职场成长路径——比如助理、主管、经理、总监，这么常态化地走下去，还是走一步算一步？比如少年时为了父母而学习，青年时为了工作透支身体，中年时为了家庭付出全部，老年时静待夕阳西下……

当这个问题回答不出来的时候，你可以更具体地问自己：

10年前，我想成为一个什么样的人？

10年中，我为此采取了什么行动？

现在，我是否实现了自己的目标？

10年后，我想成为一个什么样的人？

成为妈妈，只是我人生目标中的一个美好角色，还是成了我实现自己人生目标的绊脚石？

把这些问题都列下来，仔细看看自己的答案，你就会发现，职场妈妈身份带给自己的困扰，对于自己的人生目标来说，只不过是一个美好的插曲。

二、运动和读书，取悦自己吸引老公

好莱坞黑白电影的经典之作《罗马假日》里有一句非常经典的台词：你可以旅行或者读书，但是你的身体或者灵魂必须有一个在路上。不管你是选择旅行还是读书，抑或是别的什么方式，总之你需要保证你的身体和灵魂中的一个，可以以适合的方式不断接触新的事物，这样你才能不断地成长。

对于职场妈妈，我首推的是运动和读书。身体从来都不会欺骗你，你是否健康、你的精力是否旺盛，你身边的人都可以感受得到。大家熟知的"潇洒姐"王潇，在自律这件事上，她做得是真好。她在生完娃3个月后就开始每天坚持运动，还参加过好几次半程马拉松。稍微了解过马拉松的人都知道，跑马拉松不是一般人能坚持下来的，即便是半程马拉松。至今，王潇的腰围一直都和生娃前一样，令很多人羡慕，但这背后是她极其自律地坚持运动。

身材好，穿衣服就好看，整个人的气质也大不一样。但没有谁是天生丽质，并且可以一直保持身材不变的。所有的不变靠的都是背后的自律。经常运动的人精神会非常饱满，相对同龄人来说也会显得年轻而有气质。

比如我们所熟知的演员刘涛，运动几乎是她的日常，跑步、打拳等，很少间断。年过40，作为两娃的妈，刘涛的身材依然保持得如少女一般。相对于灵魂的美，外在美是最容易被大家看到的。我们坚持运动保持身材，如此自律，是为了取悦自己，不是为了别人。当然，自己美美的，心情就会好；心情好好的，你就会在无形中聚集起强大的正面能量，吸引更多优秀的人。这其中当然也包括你自己的老公。

身体是革命的本钱。身为职场妈妈，要兼顾工作和家庭，这本身也需要妈妈们拥有强健有力的体魄。运动可以让身体在路上，让你在保持健康的同时，也拥有美丽。

除了运动，还有读书。三毛说："书读多了，容颜自然改变，很多时候，自己可能以为许多看过的书籍都成为过眼烟云，不复记忆，其实它们仍是潜在的，在气质里、在谈吐上、在胸襟上，当然也可能显露在生活和文字

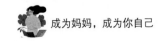

中。"

董卿爱阅读，众所周知。她曾在接受采访时说："读书让人学会思考，能够享受一种灵魂深处的愉悦。"即便工作再忙，她也会每天留出一小时的阅读时间。2016年，《中国诗词大会》在国内大热，观众眼中的董卿除了是一名"专业的主持人"，更是一个自带书卷气、气质优雅、谈吐得体的才女。

《朗读者》于2017年走入观众视野，此次的董卿不仅是主持人，更成为一名制作人。她在节目中的表现，成为一大亮点。在演员徐静蕾参与录制的那期节目里，提到奶奶时，徐静蕾有些哽咽，快说不下去了。此时董卿什么都没说，只是静静地看着她，满眼的关切和理解。徐静蕾缓了一下，接着说完了整个故事。这个片段，后来成为《朗读者》节目中最动人心的桥段之一。这种素养和董卿坚持读书是分不开的。

畅销书《精进》的作者采铜说，一个人的格局就是在他思考问题的时候，既有历史的深度，又有世界的宽度。一个人的气度和胸襟，与他的视野是否广阔有着莫大的关系。一个人想要有广阔的视野，莫过于读万卷书，行万里路。

书看得多了，许多原来觉得一团乱麻的事就变得逐渐清晰了。比如，处理隔代教育问题也不再像以前那样焦虑了。再去看原生家庭的很多问题，会更加理性客观地去分析。同时，你也会越来越深刻地意识到，改变自己比改变别人容易得多。这就是多读书可能会带给你的益处。

运动和读书都是我们爱自己、善待自己的最佳方式，它们不会直接让我们升职加薪，不会立马让家庭变成我们理想的样子……但是它们可以让我们变得更好，身体和灵魂变得更美。想要拥有更好的生活，就必须首先拥有更好的自己。

三、不封闭自己，与外界保持联系

有很多职场妈妈说，自己唯一觉得放松的时刻就是能一个人安静地坐着听首歌、泡杯茶或者捧本书……感觉只有这时候的时间才是自己的。

假如你常常感觉自己分身乏术，有一个小技巧教给你：给自己的角色排序。先明确自认为比较重要的角色身份，如自己、女儿、妻子、儿媳、妈妈等。大家可以想想在不同的阶段你对自己的合理期待是什么。

有些人在人生的不同阶段，排序也不一样。但不论怎么排序，请一定将"自己"排在第一位。就像2019年很火的综艺节目《我家那闺女》里，Papi酱对自己人生最重要角色的排序是：自己、伴侣、孩子、父母。

希望大家能坚持把"自己"排在第一位，不要随着时间的变化，在不同的人生阶段、不同的生活场景中，改变这个排序。因为无论何时何地，只有先让自己强大，才能帮助到你想帮助的人。

职场妈妈更要定期安排自己和朋友聚会，让自己放飞一下，不能因家庭而放弃了自己，我们依然需要给自己充电，依然需要有自己的社交圈。每一种关系都是需要维系的，除了家庭，我们也需要有自己的朋友圈和社交圈，不能把自己封闭在家庭这个小圈子里。如果不随时走出去透透气、释放一下压力，时间久了自己就会爆发甚至崩溃。比如自媒体大咖咪蒙，她有段时间特别压抑，就是因为她封闭自己太久，陷入家庭和工作这两个圈子里无法自拔。她后来也提到，如果那时候她能打开自己，多跟外界沟通联系，可能就不会有那么大的压力，更不会走向抑郁。

一些很简单的与外界的联系，比如和闺蜜一起逛街买衣服，也是非常不错的减压方法。漂亮衣服几乎是所有女性的心头好，所以，换季或缺衣服了，就来一场闺蜜逛街之约吧！

有位妈妈做高管，她每个月会约朋友出来喝茶，在这两三个小时的时间里，她们聊生活、聊工作，还会一起讨论怎么用最快的时间做好饭菜，讨论一下工作上的一些突破和难点，然后头脑风暴，想出一些好点子。打开自己，接受新的、好玩的真实信息，比刷一部剧有趣多了。

创业的压力是巨大的，那种感受只有自己懂。十一长假，有位创业妈妈和老公商量了一下，给自己放了个假，和老同学来了一场闺蜜的旅行：她从杭州出发，老同学从北京出发，在呼和浩特会合后，一起去内蒙古的胡杨林走走。老公知道她平时要忙工作，晚上还要管儿子，所以马上就答应了。在7天的假期里，她见了老同学、欣赏了美景，回来后以更加轻松的心态和坚

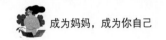

定的步伐重新投入工作和生活中。

　　爱自己真的很重要。无论什么时候，都请不要封闭自己。和你的新老朋友、同事去约会吧，让自己与外面的真实世界保持连接，才会成为越来越好的自己哦！

第二节　全职妈妈：开启人生第二份事业

第一课　全职妈妈的痛：你清楚自己的职责和作息表吗？

前段时间大家都在热烈地讨论"996"工作制，也就是一些互联网企业实行的工作时间，需要每天从早上9点工作到晚上9点，一周工作6天。这个工作强度，引起各界的广泛讨论：这样的工作制度太辛苦了，难道除了工作就不用活了？

但大家没有意识到还有比这更辛苦的工种，那就是全职妈妈。这份工作被称为"007"工作制，也就是每天零点工作到第二天零点，一周工作7天。即便如此，还会被家里人认为你很闲，他们会把他们认为琐碎的、不值得他们花时间的事情交给你去做，导致你每天有非常多琐碎的事情要去处理。

看清楚了全职妈妈的日常状态以及时间安排后，我们就可以帮助全职妈妈迅速制定时间管理的方法。其实很简单，那就是：你要把全职妈妈这个角色看作是你的工作，明确你的工作职责，以及你的工作时间。工作职责以外的事情，不是你的职责，要懂得拒绝；工作时间以外的时间，是属于你自己的时间，要让家人学会尊重你，明确知道你是有下班时间的。

这一点，我们可以向国外的妈妈学习。有一位英国的妈妈，她从两个孩子一出生就成了全职妈妈，而且其中一个孩子有特殊情况，所以她需要花比别人多许多的时间去照顾他。但是她的个人状态非常好，还有多余时间学翻糖蛋糕，甚至还开启了做翻糖蛋糕的副业。她是如何做到的呢？她说："我每天晚上差不多七点半就下班啦，剩余的都是自己的时间。"

这个办法非常妙。归结起来，就是明确你作为全职妈妈有多少职责，然后根据职责决定自己用于这些职责的时间，同时固定地留出一些属于自己的

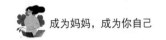

时间。

通常来说，作为全职妈妈，我们需要扮演好妈妈、妻子、女儿、媳妇这四种角色，所以你可以先列出这几种角色的职责和完成这些职责所需要的时间。其实当你去整理这个时间表的时候，你还能发现哪些职责占用了你过多的时间，那么你要想办法压缩或者请别的家庭成员来帮你分担，然后给自己留出独处的时段。

通常情况下，全职妈妈该如何管理自己的时间呢？我们可以分三步走。

第一步，明确你作为全职妈妈的职责。列出家庭所有的事情，包括照顾老人，列出之后，你应当召开一次家庭会议，和先生、孩子商量，哪些由他们完成，哪些由你来完成。比如洗碗可以由孩子做，拖地交给先生。总之，你可以通过一次家庭会议把家里大大小小的事情合理地拆分给每一位家庭成员。当然，作为全职在家的成员，你需要承担得多一些，但绝对不是全部。每个家庭成员都应该对这个家有付出，这样才能让家庭更和谐。

第二步，明确你的上下班时间。通常来说我们可能一睁眼就是上班时间，因为孩子要去幼儿园，然后先生要去上班，所以这个时间相对没有办法调整，但你一定要有下班时间，比如晚上8点，最晚9点。你可能会说："这怎么做得到？孩子不肯的呀，一定要我哄睡。"但是，只要你想做到，就一定能做到。

举个例子，有位妈妈有一个孩子比较特殊，身体方面存在比较大的残障，但这并不妨碍她7点半就下班。其实，更多的时候是我们没有给孩子养成良好的生活习惯，所以才会在哄睡这件事情上耗费大量的时间和精力。如果孩子清楚，妈妈是有下班时间的，而且等孩子习惯了这个时间安排后，他们是不会有异议的。要知道，所有的习惯都是培养出来的。

这时候全职妈妈的优势就显现出来了。想想看，职场妈妈通常下班回到家，觉得一天没有陪伴宝宝，那睡前的这一大段时间就变得非常珍贵，就不能变成自己的时间了。然而你因为白天已经陪了宝宝一整天，那这个时间段完全可以变成你自己的，想想这其实是件多么幸福的事情！

第三步，坚决执行。

这个习惯怎么养成呢？你要告诉孩子，妈妈也有下班时间，所以每天晚上在读完最后一个故事后，例如8点半，妈妈就要做自己的事情了。刚开始执行的时候，你可以跟孩子在同一个房间，让孩子自己睡觉，你做你想做的事情。千万不要一下子过渡到：一到这个时间点，你就离开孩子自行去做自己的事情。要给孩子一个适应的时间，然后在孩子习惯了这一阶段后，再逐渐改为：下班时间一到，你让孩子自己睡觉，你到别的房间去做自己的事情。

注意，"到别的房间去"这件事情非常重要，千万不要小看转换空间和场景这个行为。因为如果不转换空间和场景，你可能就没有下班的感觉，然后过不了太长时间，你的"下班"就变成一句空话了。尽管如此，你也不能强行转换，不给孩子过渡的时间。如果家里空间有限，你可能就想在同一个房间里做自己的事情，又该怎么办呢？这也没有问题。你可以给自己布置一个独处的角落。当你需要独处时，就摆上固定的香薰蜡烛、喜欢的水杯……增强下班的仪式感，当这些场景布置妥当的时候，就表明你的下班时间到了。

当然，除了孩子，你每天的独处时间最好能和夫妻二人世界时间错开来。因为这个时间也很重要。以小米家为例，每天她和先生都会在饭桌旁停留个半小时，哪怕吃过饭了，他们也会在那里坐半小时，只为了两个人能聊聊天，之后便各忙各的。但如果先生平时工作非常忙，晚上回来很晚，那你可以灵活调整你们的二人世界时间。

你可能又会问，其实白天孩子去幼儿园了，自己也有大把的时间，还要不要一定在晚上给自己一个下班时间呢？我是鼓励你留给自己下班时间的。第一，白天你可能会有各种家庭职责需要完成，不一定每天都能给自己留出固定的独处时间；第二，这个下班时间其实也是给先生和孩子看的，让他们明白，你是需要尊重的独立个体，是拥有自我的独立个体，而不是这个家庭随叫随到的保姆，或者说家庭的附属品，这对于你个人的自我价值感的满足非常重要。同时，你这样做也能给孩子一段个人独处的时间，这对他独立思考能力的培养和个人心智的发展非常有好处。

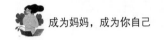

当你拥有属于个人的时间时，做什么最好？那自然是学习。

其实作为全职妈妈，你之所以会焦虑恐惧，是因为你害怕未来不在自己的掌控之中，害怕跟外界脱节，害怕没有把孩子培养好，害怕没有了自我价值。怎样才能保持和社会的联系，怎样才能培养好孩子，怎样才能拥有自我价值呢？那就是要保持一种终身学习的态度。你是全职妈妈，但并不是退休妈妈，哪怕是退休的人，也需要积极寻找自我价值的实现，更何况我们。

所以，有这么宝贵的独处时间，就应该拿出来学习你感兴趣的东西，或者读书。只要你在成长，那未来就在你手中，不必害怕。

除了学习，晚上的独处时间，也很推荐你尝试冥想，这是一件能让你整个人充满美好能量的事情。一个人最高阶的成长一定是体现在个人精神层面的成长，也就是古人说的智慧。

《暗恋桃花源》这部风靡一时的话剧的创作者赖声川说："你会发现古人追随孔子、老子、耶稣、释迦牟尼，学的并不是某种技能，而是人生智慧。"可是如今的人，普遍都不再深入地探索智慧，只停留在学习各种技巧和方法的层面。所以从幸福度来说，你会发现，今天人们的幸福度是大大降低了。

所以，希望你能有机会和自己的内心对话，其实你的内心藏有许多从未开启与唤醒的宝藏和能量，而冥想是开启这些宝藏的最快方式。

全职妈妈的时间管理法，就是把这个身份当作一份工作，明确工作职责，同时给自己一个下班时间，让自己拥有独处的时光，平衡自我和多元身份。

第二课　时间管理的误区与策略

这一课针对时间管理中的三个误区，给大家分享具体的应对策略。

首先来看第一大误区：你想要的太多。

举个例子，有一位妈妈，给自己定的一个月目标是：一个月学完三门课程，读三本书，同时要给两个孩子每天都安排好早教，这还不包括每天要安排三餐和做其他家务。我听完后觉得完成这个目标无异于参加一个月的"铁人三项"，就算数量有可能完成，质量可能会很有问题。

其实，大家这么努力成长是值得鼓励的。然而想想我们的目的，我们本来是想成为更好的妈妈，结果我们因为完不成任务反而失控吼了孩子。所以，要教你的第一个攻略，就是梳理待办事项，然后合理安排时间。

梳理待办事项，我们需要三步走：

第一步，列出所有待办事项，越详细越好。你需要做一张表，上面详细写明有哪些待办事项，每个事项需要的时间，你平时大约多长时间做一次也写进去，比如每天做，还是每周做。怎么叫作"越详细越好"呢？比如，把买菜、做饭、洗衣服这些你原本以为是日常安排的、不用写的事情全部都写上去，甚至上厕所也要写进去，如果你上厕所的时间很漫长的话。

第二步，把每天要做的事所耗时间加起来，看看有多少小时，再根据你的睡眠情况，来看看你的时间够不够。这一步特别有意思，因为许多人都是不算不知道，一算就可能会发现你留给自己的睡眠时间都不足6小时了，那你很可能就没有了机动时间，这会让你很难完成待办事项或者没法处理突发状况。这一步其实恰好是在检查你的待办事项是否合理，做完这一步你就会有一个相对清晰的认识，你可以看出每天的事情有没有超出你的负荷？如果有，就要开始断舍离。

第三步，问自己，哪些事情可以降低频率，不用每天都做。例如洗衣服、拖地、逛超市等等，你可以问问自己，如果改为两天一做会不会有问题？具体会有怎样的问题？是你心里过不去，还是家里会出现什么你不希望看到的状况？其实当你仔细询问自己时，就可以减少一半你原本认为每天都该做的事情。而这些事情减少了，就可以每天错开时间来安排，比如每周一、三、五加周日拖地，每周二、四、六洗衣服，这样你就省出一部分时间了，每天至少省半小时，这半小时你已经可以看十几页的书了，而且是精读。

除了降低待办事项的频率，你还要看看哪些待办事项可能是多余的安排，或者说是你对自己要求太高了。比如，你希望一个月读三本书，分配下来差不多就是每周读一本书，而一本书平均有300页，也就是每天要读40多页才能完成。通常来说，精读40多页书需要至少45分钟，加上思考和做笔记的时间，1小时最合理。每天花1小时读书，可能需要你有比较强的毅力。所以这样的任务固然好，但如果总是完不成，反而会让你很有挫败感，甚至彻底放弃，得不偿失。

所以时间安排一定要合理，不要太贪心，贪多嚼不烂，我们可以通过上述三步走去调整自己的时间安排，让时间计划更有质量。

再来看第二个误区：凡事亲力亲为，认为非自己做不可。

其实有时候我们时间利用得好，一天24小时真可以当两天过，但前提是你能合理地外包一部分需要你完成的职责。

现在的科技已经非常发达了，扫地机器人、洗碗机、各种膳食料理机，都可以帮你完成许多需要几十分钟才能完成的工作，而且完全不需要你操心。当你觉得某件事情比较琐碎、耗费你比较多的时间时，你就可以去研究一下是不是有替代的解决办法，能让你省心。比如买菜，如果你并不是很享受步行去菜场挑挑拣拣的过程，那你最好的做法是利用各种App帮你送菜到家，节约你的这段时间。同时，你可以看看有没有一些时间是可以同时处理几件事情的，如果有，那这就是能让你节省很多时间的好方法。

最后一个误区，是关于时间安排的误区。

许多妈妈会把早上的大好时光用于整理家务、逛淘宝购物，却把学习、出门等安排在中午和下午。这个并不符合我们大脑的运行模式。因为我们的大脑每天注意力最集中、最能有效做决策的时间就是早晨刚睡醒的这几小时，所以这几小时最适合做需要你调动大脑思考，以及需要你做决策的大事情，或者说比较困难的事情。我们都有一个经验，那就是到了中午就开始犯困，觉得大脑有些昏沉，这时候你最该做的，就是那些不太需要你用脑的事务，各种家务就很适合安排在这一时段。当你这么做的时候，你这一天的效率就会变得很高。大家可以试试看。

作为全职妈妈，鼓励大家要保持独立思考的习惯，拥有独立的勇气和独立的圈子。独立的圈子，不是指吃喝玩乐的圈子，而是学习、成长或者说能带给你资源和机会的圈子。

第三课　让自信成为一种习惯

你自信吗？你想让自己变得更自信吗？在当今社会中，那些自信的人更容易赢得成功和赞美。但无奈，很多人其实都缺乏自信。有人会说，我实力不行，撑不起自己的信心。其实，自信不是天赋，我们可以后天练就。

自信是需要储蓄的，而且储蓄的速度很快，只要有一点自信，你的大脑就会尝到甜头，然后你就会越来越自信。以一位妈妈为例，她自信的起点来自于一场辩论赛，那次的辩论赛对她而言是一次巨大的挑战。小时候的她，纵然内心有一团火，但表现出来的却是很内向。事实上，她特别喜欢看辩论赛，读书时期的国际大专辩论赛她都看了很多遍。所以，当学校提出要组织辩论赛，她就开始兴奋，但也很紧张，她不敢报名，怕自己上台说不好，怕自己丢脸。

然而她太喜欢辩论了，这种强烈的渴望最终战胜了她的不自信，她报了名。那次辩论她特别特别紧张，只发了几次言，表现并不是很显眼。但对于她自己来说，这是巨大的进步，因为那是她第一次当众讲话。经历过那次辩论赛后，她发现原来当众讲话没那么恐怖，而且她在自己不那么好的表现里看到了可以做得更好的可能性，她开始对自己有了一点信心。因为她真的很喜欢辩论，所以她又报名参加了几次辩论赛，并且一次比一次表现得好，她的自信心也越来越强，连带学习成绩都变得好起来，不再是全班中下水平，一跃成为全年级前几名。

所以，假如你真的希望自己变得很自信，那你首先要做的就是储蓄一些自信，让你的大脑尝到甜头，让自信像雪球一样自己滚起来，越滚越大。

那我们怎样做才可以让自信像滚雪球一般滚起来呢？给大家推荐一个非常好用的办法，那就是写成功日记。首先，你要写下你过去成功克服的困难事件。其实，当你开始细数你的成功时刻时，你会发现，原来你成功的时候比你以为的多许多。记录这些过去的成功其实就是在给你的大脑储蓄自信，当你发现自己原来拥有这么多自信时，你就可以进入第二步，开始写每天的成功日记，也就是记录你每天成功克服的困难。连续写十天后，你会开始期

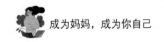
待每天有困难出现。当你连续记录到三十天左右时，你就会开始主动想要找困难去挑战了，到那个时候你的眼里就不再有困难，取而代之的是，满眼都是令你兴奋的挑战。

自信是你必须有付出才能获得的能力，所以最重要的一定是你之后的练习。

你可能还会有一定的疑虑，怀疑这样做是否真的有用。从大脑的结构来说，你的思维其实是体现为神经元之间的联结通路。当你不自信时，不自信的这条通路就会很粗，而你要做的，就是让这条通路萎缩，甚至修剪这条通路的神经元，从而去增强加粗自信这条通路的神经元。神经元通路靠什么发生变化呢？是你的语言和行为。所以，你要用自信的语言和行为去刺激你大脑的神经元，帮助它们发生变化，然后自然而然地，你就会变得越来越有自信了。

注意你的心态，它会成为你的语言；注意你的语言，它会成为你的行为；注意你的行为，它会成为你的习惯；注意你的习惯，它会成为你的人格；注意你的人格，它会影响你的命运。

Tips：让你由内而外变自信的沟通术

想要重塑自信的沟通，补充介绍两点：一是掌握自信的小窍门；二是对沟通场景进行彩排预演。

首先来看自信的小窍门。这个窍门很简单，就是保持微笑。没人能看穿你是否自信，其实我们担心被看穿真是多余的。保持微笑，即使感到不自信或者紧张也不要皱眉，提醒自己：微笑，没人能看穿你。当然，微笑也有技巧，找一个你舒服的样子微笑。记得多年前大S在节目里说，她起初是对着镜子练习微笑，等练习到一个最满意的笑容后，就一直保持。

另外一个小窍门，那就是给自己一些心理暗示，让自己觉得"这个场子我做主"。不知道你有没有留意过，许多歌手在演唱前，喜欢把麦克风取下来再调整回去，明明那个麦克风摆得好好的，但他还是会做这个动作，并且还会喊两声。这么做，其实就是他在给自己心理暗示：现在我是这里的主人了，我拥有这里的主动权。随后他就会表现得比较自信。同样地，你也可以这么做。上台讲话时，你可以在场上先来回走两步，让自己感到这个地盘现在由你做主了，从潜意识层面让自己觉得主动权在自己手里，你的自信就会随之而来。

再介绍下对沟通场景的彩排预演。

通常会让我们感到不自信的场景是我们需要和很在乎的人说话或者需要当众发言，这个当众发言的"众"可能是几个人的小聚会，也有可能是上百人的公开演讲。这种情况下你可能会特别担心，然后没有办法很自如地表达，呈现出不自信的状态。

其实，有个办法可以让你看起来自信满满，那就是你先预想好当天的所有情形，甚至聊天内容，到了现场你完全按照自己练习的来，自然就会自信了。我们不自信，往往是因为我们不知道会发生什么、会遇见什么，也就不知道该怎么说、怎么做。然而当你预演过，你就知道该如何应对，就不怕了。其实，很多时候，那些你觉得自信满满的人，他们和你的区别就在于花了很多时间练习。那些你觉得很会临场发挥的人，不过是经验更丰富，出现的情形都遇到过或者在内心已经演练过罢了。你看起来是临场发挥，于他则是有备而来。

第四课　弹跳力，助力人生新高度

这一课要讲的是每一位全职妈妈都需要的"弹跳力"。

弹跳力是我们研究了近一年的话题，源起于那些火爆荧屏的"玛丽苏"连续剧。这些电视剧的剧情，起初我们一直都觉得很不可思议：为什么甄嬛她们都是一开始天真无邪，然后非得被人折磨得快死了才突然爆发潜力，早干吗去了？但后来我们发现，真不是编，这是现实。

有一位全职妈妈，在所有人看来，她的境况已经非常糟糕了：在家遭受冷暴力，每次从先生那里要一点钱都需要大费周章。这种家庭环境对孩子的成长很不利。但是，她宁肯在家偷偷哭，也没有动力赶紧出门挣钱，带孩子离开这种环境。我们几乎可以判断她的人生会持续地慢慢往下滑，直到触

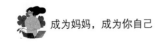

底，而触底后能不能弹起来也得看她的造化了。

为什么妈妈们会让自己陷入这样的处境呢？其根源就在于她们缺乏弹跳力。

什么是弹跳力呢？弹跳力包括三个"敢于"：敢于面对困难和挑战；敢于主动去拓宽人生边界；敢于尝试，不怕被否定，拥有让自己的人生不断迎来新高度的能力。

现在我们先来看第一个"敢于"：敢于面对困难和挑战。不久前，在"点亮妈妈成长节"上，我们随机邀请妈妈们上台讲述她们的观点。主持人还特意强调说，希望能看到有全职妈妈站上台来，这个舞台是特地为全职妈妈而建的。但可惜的是，在场的全职妈妈纷纷表示自己有点怕上台，最终主动上台的还是几位职场妈妈。

因为怕，所以不敢行动，这个公式是错的！我们经常会认为，某个人敢做某件事情，是因为他不怕。甚至会自然而然地扩展到行为模式，就像我们鼓励孩子时，也经常说不要怕，结果发现孩子依然很怕。为什么？因为真正的勇敢是：我很怕，但我不会因为怕就不去做了。这才是真正的弹跳力思维。下一次当你面对机会或者挑战时，你要对自己说：是的，我现在有点害怕，有点担心，但是我不能因为怕或者担心就不去做了。

在我们自己可以做到的时候，我们也可以这样去鼓励孩子。当孩子面对新挑战而感到害怕的时候，试着去回应他害怕的情绪："妈妈知道你现在有点害怕，但这没什么大不了的。你可以告诉自己，你不能因为害怕就不去尝试了。宝贝加油！"

以上是第一个"敢于"，迈出这步最重要的就是承认自己害怕，承认自己担心，但告诉自己感到怕或者担心很正常，最重要的是不能因此不行动。

我们再来看第二个"敢于"：敢于主动拓宽人生边界。

有一个段子，说陶华碧和董明珠都是遭遇先生去世，家庭担子重了，才开始奋发图强，最终成为女富豪。这个段子的结论是：我们之所以没能成为女富豪，就是被老公耽误了。

当然我们都知道这是个段子，仅供大家一乐。可是，静坐下来仔细想想，我们究竟为什么没有成为女富豪呢？这其中最重要的原因，是在我们给自己设定的人生边界里，压根儿就没有成为女富豪这一条。

每个人都有潜力成为富豪，都有潜力达到我们一直仰望的，甚至以为遥不可及的那个人生高度。但是，这并不是说你一定要把女富豪当作你的努力目标。这里更想强调的是，每个人的潜力比自己以为的要大很多。毫不夸张地说，你的天花板就是你自己。

要做到弹跳力的第二个"敢于"，你需要把你平时思考问题时的"能不能""行不行"等发问，换成"我要怎么做才能""我要怎么做才行"。

当你去思考怎么做，而不是担心能不能时，你就不再是自己的天花板，你的人生就能实现飞跃。

我们再来看第三个"敢于"：敢于尝试，不怕被否定。

讲一个桃子的亲身经历。她在创办第一家公司（一家翻译公司）时，和几个同学兴奋地讨论，要给麦肯锡、花旗银行等许多知名企业发传真，因为他们确信这些企业是有翻译需求的，如果这些大企业能分一杯羹给他们，他们就能赚到第一桶金。

不光是兴奋地讨论，他们也真给好几家大企业发了传真，结局是这些传真大都石沉大海、杳无音信，最终他们只收到了一家企业的回复，那就是麦肯锡。麦肯锡的翻译部经理回复了一封措辞严厉的信，信里标注了他们传真中的几处英语错误，并且狠狠批评他们：连基本的商务传真礼仪都不懂，还妄想来拿麦肯锡的翻译单子！

如果是你收到这样的回复，会怎么样？当时他们几个人很沮丧，前路一片迷茫，看不到希望。但桃子当时心底有一个声音在说："比起石沉大海，这可是一封回信，而且是翻译界的大咖回复的。我们的水平不够是事实，但难得有人肯给我们指正，这么好的机会可不能错过！"

所以，桃子当时立即按邮件地址回复了一封邮件，真诚地表示他们还是学生，想开翻译公司，希望对方能指点。后面的事就是，那位经理后来成了桃子所创办的咨询公司的合伙人，因为那一次的机缘，他一直是桃子生命中很重要的导师。也因为他的指点和帮助，麦肯锡、花旗这些公司后来都慢慢

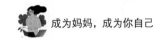

地成了他们公司的客户。

如果当年桃子没有回信，她人生的剧本又会怎么展开呢？当然，以桃子当时的思维模式，她是一定会回复的，毕竟回复一封信，最坏的结果就是对方不理她，或者回信再骂她，但也有那么一点可能性是对方给她建议。

你人生的剧情会怎么展开，就藏在你的思维模式里。如果你很在意别人的态度，以及总担心被别人否定，希望自己时时刻刻看起来都是个聪明人，那你可能会活得很辛苦，同时也会失去很多机会。而如果你能以开放的心态去拥抱不同的观点和意见，那你人生的路自然也会越走越宽。请一定记住：这个世界没有人能否定你，如果有，那一定是你自己。

第五课 大梦想，勤执行

这一课是弹跳力第二课，重点讲如何修炼弹跳力。概括来说，就是"大梦想，勤执行"。

有一个朋友圈一直在流传的笑话：有个人每天都去求菩萨——"菩萨啊，麻烦你保佑我能中一张彩票。"每天都这么祈祷。有一天，菩萨终于忍不住开口说："你每天都来求，你倒是去买一张啊！"

经常会听到妈妈们谈论："我想创业，我想出去找工作，我想……"然后，当有人说："那就去做啊。"妈妈们会回答："可是我觉得创业太辛苦了，失败率又很高。"或者回答："我听说现在国家对早教监管很严，没法做了……"

总之，妈妈们有非常多的"我听说"，而很少有人说"我想怎么样""我现在已经做了什么"。每每这个时候，那些"我听说"和"我觉得"都太像借口了。光是想，但不撸起袖子干，那就是白搭，敢于行动才是你具备弹跳力最大的体现。

大家应该都看过拳击比赛，拳击手在台上，经常把双拳放在胸前来回跳动，但你有见过哪个选手来回跳十分钟就是不出拳的吗？我猜他跳个1分钟观众都得替他急。想象我们就是那个拳击手，我们了解再多打拳招式，但如果上台之后就只是抱拳跳来跳去，是不是很令人遗憾？所以，让我们勇敢地打出第一记拳，勇敢地做自己人生舞台的主人吧！让我们一起行动！

那么，怎么才可以让自己行动起来呢？

第一步，给自己一个目标，然后制订一个计划，并做一个每日时间表，督促自己去完成它。

目标因人而异，可以是学习储备知识技能，可以是做一件小而美的事情或者是创业。最重要的是当你定下一个目标，就要有个计划行动起来。请不要天天在脑子里前怕狼后怕虎，而是勇敢地去行动。

有位妈妈，在做了五年全职妈妈之后决定再创业，希望能帮助更多迷茫无助的全职妈妈。她能清楚地感觉到自己的焦虑，她害怕自己能力的退化，她一想到创业的辛苦就有点怕。但当时的她问自己：出去，会很苦；继续留在家，很不甘心。总要选择一样，选哪一样？她发现自己更倾向于选择出去。决定出去了，就要立即行动。为了让自己不至于退缩，她给自己制订了一个半年的计划：用半年时间找到合伙人，同时要想清楚自己的商业模式，最不济也得把公众号先开起来。有了计划，第二步就是把计划变成每日的时间表，逼自己每天要见一个可能帮助自己做这件事的人，同时逼自己每天要花两小时写一篇文章，以便未来开公众号用。

为了让自己更有勇气面对所有的未知，桃子每天早起锻炼半小时，让身体去承受一些压力，把这些压力转为行动的动力。当你给自己定下目标，并做了计划，你的心就会踏实起来，然后会把注意力专注于怎么做，而不是要不要做。

第二步，朝着目标前进，忘记"高级"这件事。

当我们为自己设定了目标，那么接下来就是要去实现它，要逼自己努力往目标靠拢。在这个过程中，最干扰我们的可能是我们内心的杂音："这件事会不会太低级？""这件事看起来真是不高级。"但是，只要不是骗人或者触碰人性底线的事情，哪有什么高低级之分。真正低级的，可能是毫无光彩地过完这一生。所以，忘记"高级"这件事，它会阻碍你去做你想要做的事。

其实最难的是鼓起勇气去尝试。有一位妈妈分享了她自己的故事。她原本是一名设计师，出入都是五星级酒店，后来因为生孩子做起了全职妈妈。再后来，她爱上了半永久文眉，觉得替别人文眉也是做设计，还特有成就感。然而，当她真的开了半永久文眉店之后，发现自己急需招揽客户，这个问题该怎么解决呢？大家支招说可以发传单，但你知道一个平时老享受别人服务的人，要去低声下气求人，这要过多少心理关？和她一样在创业的小伙伴都鼓励她说：一定要去做，而且做了就会发现也没那么难。所以，有一天，当她和先生、孩子去看电影，出来看见人多，立即掏出包里的传单开始发，她的先生和孩子亲眼见她可以从容自然地这么做，先生觉得老婆好棒，而孩子觉得自己妈妈很厉害。分享这个故事的时候，她没哭，但许多妈妈却在抹眼泪。

我们能多大限度忘记所谓的高级，更关注目标，我们的弹跳力就能多大限度地增长。其实敢与不敢只在一念之间，敢于尝试，你就能跳出条条框框，就能在生活中拥有更多从容和勇气。

迈出步子敢于去做，就能找到办法。我们也可以找到一些办法来帮助大家顺利地从"不敢"走向"敢"。那就是养成遇事看目标、找解决方案的思维习惯。

这个思维习惯要如何养成呢？有四步。

第一步，觉知我们的情绪和感性思维，不被牵着走。觉察是我们采取行动修正惯性思维模式的基础。因为当我们被感性思维左右，认为自己是在理性思考时，就很难去修正自己的行动了。

第二步，反复练习，固化理性的思维模式。遇到事情首先想：我的目标是什么？我要解决的问题是什么？怎么样才能达成目标或解决问题？

第三步，当我们养成这样的思维习惯之后，就应该让自己更有技巧地去行动。我们会发现，如果自己没能如愿达成目标或解决问题，我们也会很沮丧、很难过。这其实也是需要大量练习的，比如我们模拟可能发生的情况，然后问自己身处其中时会怎么办，先找到一些基础的有用的办法，再加以改进。

第四步就是改进。如何改进呢？当一天结束时，回想今天我们有没有坚持这种好的思维习惯，我们的解决方案是否合理，有哪些好的和不好的，如果明天发生同样的事，我们可以如何做得更好，等等。当我们如此去训练自己的时候，我们就能形成遇事看目标、找解决方案的良好思维习惯了。

上一课了解了"弹跳力"的核心内容，这一课主要是在讲如何行动。整体是分两步走：第一步，要给自己设定目标，拟好计划，最好能细化到每天的日程安排。第二步，忘掉高级感，专注于目标，或者某件你想做的事。而要做到这一点，我们需要通过四步走训练自己"遇事看目标、找解决方案"的思维模式。

这个世界从来没有标准答案，但你的尝试就是答案。

第六课 从原点出发，看家庭关系的本质

从原点出发去思考问题是非常重要的一种能力，可以说，想成为解决问题的高手，这个能力是必须具备的。

我们有句古话叫作"万变不离其宗"。这个"宗"就是我们这里说的"原点"，也可以理解为事物运行的规律或者本质。当你掌握了万物运行的本质后，再来解决表面上的问题就很轻松。

举个例子，我们感冒的时候，一般都是头疼鼻塞，然而我们必须去医院确诊是细菌性的还是病毒性的感冒，因为发病的原因不同，你需要吃的药也不同。但现实是，我们一感冒老人就主张吃点消炎药。这么吃下去，很可能是药不对症，不仅治不好病，还会给身体带来副作用。本质也就是现象背后的最根本的原因。只有掌握了它，你采取的解决问题的办法才会真正奏效。不论在管理家庭、为人处世还是创业中，掌握问题的本质都是我们需要修炼的基本功。

通过学习"从原点出发看家庭关系的本质"，你能掌握分析和解决问题的核心方法，成为解决家庭问题的高手。

家庭关系的"原点"是什么呢？换句话说，家庭关系的本质是什么呢？归根结底，家庭关系是人与人之间的关系。那人与人之间最本质的问题是什么？人性。没错，不论什么样的人际关系，回溯到最底层就是人性。所以，

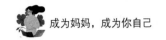

家庭关系的原点，也就是人性的原点。

人性的原点，可以用四个字概括，那就是避苦求乐。

举个例子。妈妈带孩子参加一堂英语试听课回来，和先生讨论报班的事情。先生说："报什么补习班，你怎么就看孩子闲着不顺眼！"妈妈的火气"蹭"地就上来了："你不就是想省钱吗？怎么都省到孩子这儿了！你平时不管孩子就算了，还要瞎指挥，你说你是不是太离谱了？"先生也硬着脖子说："怎么就扯到钱上来了，我就是想让孩子多玩会儿，我说的不对吗？孩子在家玩儿怎么就不行了呢！"这时候气急败坏的妈妈可能会扔出一个能把家给炸毁了的"原子弹"："你说的都对，你没错，是我错了，我最错的就是嫁了你这么个不管家庭的老公！"

在整个争吵里，双方其实都是在论证一件事，那就是自己是对的，对方是错的。却没有真正探讨一下，为什么对方要这么做，为什么对方不这么做。双方也没有看到，对方做一件事或者不愿意做一件事，根本原因都在于避苦求乐。妻子希望先生同意报班，因为她觉得这能给孩子的未来带来安乐。先生不同意报班，可能是觉得孩子现在的快乐更重要，或者说费用太高，让他感到这是件苦差事。人"避苦求乐"的本性是永恒不变的。

理解了这四字箴言后，我们可以怎么做呢？同样的场景，想给孩子报班，先生不同意。那你就应该问先生为什么不同意，先生可能说希望孩子有更多时间玩乐。那你就问他："可以，那这个时间段你打算安排孩子玩什么呢？去哪里玩呢？不能光说要带孩子玩，但不出力吧？"这时候，先生大概率已经不太吱声了。再想想，避苦求乐，你希望先生同意你，那你需要给他甜头，让他感到乐。所以你就可以接着说："还是给孩子报个班吧，这样我们都能有半天自由活动的时间，你说呢？"我猜你先生基本上就会同意了，有娃人士最大的甜头就是自由时间，男女都一样。

其实如果你的目的是希望带给孩子未来的安乐，可能我们还得再往本质上问一句："学好英语就一定能给孩子带来未来的安乐吗？"如果答案是肯定的，那怎么学更好呢？报这个班是不是最好的方式？

回到原点，你一定要了解一个常识，那就是孩子的大脑发育并不会以你教了他多少知识而改变的。相反，这个时候教他太多知识是会破坏他的思维模式的。3～6岁孩子最好的大脑发育方式就两个，一是语言交流，二是运动。所以，要想让孩子在未来具备竞争力，这个时候最好不要把孩子关在教室里，而是要创造更多机会让他们在外运动，并且多和他们讲故事、聊天，让他们有机会听父母谈天说地。所以说，父母的聊天水平对于孩子未来是很有影响的，丰富的谈资对孩子而言比接受早教更重要。

总结一下，当我们在处理亲子关系、家庭关系时，我们要做的很重要的一点，就是不要纠结于对错。家庭不是法庭，对错不重要。最根本的是要明白每个人的心理原点都是避苦求乐。了解这一点对你来说有两个好处：一是你能更理解对方为什么会这么做，也就不至于那么生气了；二是你能根据对方想回避的痛苦或者希望追求的快乐去设计解决方案，并且你的解决办法肯定能奏效。

接下来，再举一个例子说明这两方面的好处。设想一下，家里有爱打游戏的先生，你怎么办？从家庭和谐角度出发，你当然希望先生戒掉游戏。然而，你该怎么劝才能让他戒掉呢？一种做法是，告诉他：你这么做是不对的。也就是我们前面说的分对错。但结果通常都无效，甚至有可能你换了一百种方式去告诉他这是不对的，也没用。

如果你试着去理解他为什么爱打游戏，去看看他在追求什么乐子，回避什么痛苦，你很容易就发现他爱打游戏是希望在虚拟的世界里寻得一份安慰。再深入下去，你可以尝试去理解，是不是他工作压力太大，或者他觉得现实里的一切都太平淡无聊。当你理解了他的苦，就能知道如何让他乐。A妈妈的先生很爱打游戏，不过她自己也很爱打，所以倒没因为游戏和先生生气。但有一天A妈妈突然想起来，先生好像很久不打游戏了。为什么会不打了呢？原来，先生打游戏，更多是因为觉得生活平淡无聊，恰好那时候A妈妈鼓励先生去读MBA。这下先生一发不可收地爱上了学习和看书，现实世界如此有趣，自然不用去虚拟世界找刺激或者找安慰了。

探究明白了人性的原点，你就可以根据这个原点去处理好家庭的关系。处理家庭关系需要掌握的基本原则是爱和平等。想要一个幸福美好的家庭，

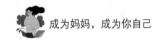

就一定要把握爱和平等这个基本原则，多用爱的语言表达，多做平等的行为。

举个例子，当孩子表达爱意时，有时候妈妈们会说："妈妈没有白疼你。"而充满爱意的说法应该是："妈妈感到好幸福，妈妈真的太爱你了。"你要求孩子做的，自己先试试看，自己做不到，就不要那么义正词严地要求孩子。例如，孩子看电视时你说关就关，但换位想想：如果你刷剧刷得正起劲，这时家人把电脑给关了，你会是什么感受？孩子的感受和你是一样的。当你想到自己身处同样的情境时，你可能会更理解孩子的行为，也更清楚该如何引导孩子的行为。

再举个例子，我们全职在家带孩子，如果孩子生病了，先生说两句，我们会超级委屈，觉得先生看不到你的心疼和自责，还这样责怪你。然而好多时候，先生在带孩子时孩子摔了、受伤了，我们就义正词严，觉得都是他不好，必须给他一顿骂。这就是没有平等待己待人的表现。

这一课，我们主要是讲从原点出发看家庭关系的本质，人与人之间关系的原点，都可以归结到人性的原点，那就是避苦求乐。所以我们在处理家庭关系时，最重要的就是不问对错，多问苦乐。在处理家庭关系时，要时刻把握一个基本原则：爱和平等。也就是我们时刻要表达爱，要平等地对待家人。

第七课　幸福时刻都在，你感受到了吗？

这一课我们要讲的是养成幸福的感知力。

引用一首诗："因为你要做一朵花，才会觉得春天离开你。如果你是春天，就没有离开，就永远有花。"这首诗表面上看，是说当你和幸福同频，幸福自然会降临。而深一层的含义，则是说想要和幸福同频，那就不要让你的心随境转，而要让境随心转。

怎么理解这句话呢？先讲一个旅行的故事。有位妈妈和先生刚结婚的时候去了欧洲度蜜月，当时选择了自驾游，那也是他们第一次出国自驾游。途中经过一个高速收费站，是自动收费，他们研究不明白，于是请教后面的人，对方不会说中文，他们比画好一会儿才让对方明白。当时先生很生气，质问她："你都没搞明白外国高速收费站怎么收费就选择自驾游！"她觉得很吃惊："旅途就该这样啊，这些不期而遇才有意思，什么都弄清楚了还有什么意思！"

同样的经历，这位妈妈看到的是美好的不期而遇，然而先生看到的是"今天遇到点儿事"。所以，"境"其实并没有好坏，感受到好或感受到坏只在于我们心的频率。一念天堂，一念地狱，你要做的就是调节你的频率，让你总能感知幸福，并做到境随心转，让更多幸福靠近我们。

这一课，希望能帮助你打开色香声味触五大感官，帮助你建立起通往幸福的桥梁，这时候你会发现：原来我拥有这么多的幸福！

日本的怀石料理，类似于日本的米其林大餐，它最讲究的是让食客细品每种食物本来的香味。例如料理中一定会有的豆腐，要是你能细品，会品出豆腐蕴藏的那股大豆的清香。可惜就可惜在，许多人吃完回来的评价是：这餐饭就是吃个形式，每道菜都特别精致，就是菜都没味道！

其实哪里是菜没味道，是我们的味觉没能识别出这些料理的美好，和这些美好不同频。请你仔细想一下，当你吃米饭的时候，你有留意到大米的香味吗？你有注意到咀嚼饭粒之后留在舌尖的甘甜吗？我们经常会抱怨家庭不幸福，生活不如意，一整天都没有什么好事发生，其实不是这一整天都没有美好发生，而是你的感官和美好不同频，你轻易地就错过了那些原本属于你的幸福。

我们每个人都很幸运地拥有眼、耳、鼻、舌这样的感官，这些感官是外界信号的接收器。其实它们在接收外界信号时并不会去判断这是幸福的还是不幸福的，只是把所有信号都收集起来，通过神经系统传回大脑。然而，我们的大脑在处理这些信息时却会选择性地处理，以品尝豆腐为例，那股豆香不论你是否留意，它都存在。但是你是否感知到，那就得看大脑在如何处理信息了。当大脑和幸福同频的时候，你就能感知到。大家要学会感知幸福的练习方式，去帮助你的大脑聚焦幸福，去多多识别感官传回的美好信息，形成这样的惯性，那你的大脑就会更偏向于传递这些美好的信号，我们整个人

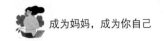

的频率就能越来越接近幸福的频率。

你可以根据自己的习惯，先固定几个感知美好和幸福的时间及场景。如果你每天固定感知美好的时间是清晨和睡觉前，清晨起来可以和先生都去阳台小花园里站几分钟，听听外面的鸟叫，然后看看有没有花打骨朵了，或是开了，去享受自然带来的美好。而睡觉前，则是享受和孩子在一起的美好。不论多忙，都要陪孩子，可以玩一个小游戏，比如拿被子当海浪，一个浪头过去把孩子们都盖在被子底下，再假装退潮把被子扯掉，等等。总之，孩子们很享受，你也会很享受，那是每天特别幸福的小时光。

除了固定的时间，你还可以固定几个场景，比如小花园。当你整个感官都处于打开的状态时，每一刻都是幸福和美好。办公室同事分享零食是幸福，细嚼慢咽吃一顿饭是幸福，路边某个小店写了一句特别好笑的话是美好，地铁上看见别人让座也是美好……

总结起来就是，你需要把注意力放在发现幸福上，再调动身体色香声味触的感官去感知它，而不是任由自己的心被各种杂念，甚至负能量所缠绕。久而久之，你就能很容易地汲取身边的幸福能量，并且很容易就让自己转念看到幸福。

接下来，讲一下如何练习调动眼、耳、鼻、舌来感知幸福。你可以按照模板每天填写自己的幸福感受，十天下来，你会发现，满眼都是幸福。你原本以为的很多问题，到那个时候可能就不再是问题了。

先举个例子：

今天冲咖啡时闻见了浓浓的咖啡香，你的感受是这股香味太舒心了，当下就充满了能量，浓浓的幸福扑面而来。感谢这股咖啡香带来的幸福！

当你走在路上看到一块玻璃上画了个可爱的猪头，通常透明玻璃为了防撞都是画个叉，然而某位有心人却画了个有趣的猪头，你的感受是这位有心人太有爱了，希望自己以后也能做这么有爱有趣的人，幸福真是无处不在。感谢这位有心人传递的美好！

在路上，听到一个小女孩奶声奶气地对她妈妈说："我好爱你呀，妈妈！"你在一旁也被暖化了，小朋友的声音真的太治愈了。感谢小女孩带来一整天的美好！

当你用心记录，就会发现这许多幸福美好，这种感觉太美妙了！感谢此刻的觉察，让你感受到了幸福在内心的涌动。谢谢眼睛，谢谢耳朵，谢谢嘴巴，谢谢鼻子，谢谢皮肤。也谢谢这个美好的世界。

现在，面带微笑，合掌祈祷，愿能一直与美好同频，愿一直与幸福同在。

Tips：幸福，需要你大声说出来

养成幸福的感知力，这样当你已经拥有了许多幸福的能量后，你对于幸福感受的表达能力也能相应提升，让幸福在你们小家，乃至你所在的社区，甚至整个世界流动起来。

我们在幸福的表达方面，还有许多需要去扭转的情境。第一个需要扭转的情境，是感受到了，但就是不表达。

举个例子，每次七夕、情人节，我们就会在朋友圈看到大家在嘲笑先生不给自己买礼物，不解风情。那如果先生这次痛改前非，给你准备了一份惊喜，你会怎么说？有位妈妈在记录里写的是："虽然我嘴上说又乱花钱了，但心里暗暗地开心。"

好可惜，都已经感知到了幸福，但却把幸福藏起来，就是不告诉对方：我很爱你、我很在乎你、我很感谢你。

其实，你可以把你心里压制着的爱意、谢意表达一下。细细体会，你可能会感受到从未有过的幸福心流。

第二个需要扭转的情境，就是总对自己或者对家人太挑剔。

举个例子，当你在照镜子的时候，你是感叹："哎呀，我这双眼睛真迷人！"还是敏锐地发现："呀，眼角怎么多了两道皱纹！""哎呀，我额头上怎么长痘痘了……"当你带孩子在小区玩，看见别的孩子，你会不会总能发现对方小孩的优点："呀，隔壁小明个儿长这么高啦！"然后就开始叹气："哎，我们家这个，不爱吃饭，老不长个儿，愁死了！"

确实是愁死了，我们这双善于发现别人优点的眼睛，什么时候才能够看

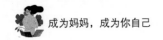

见自己拥有的幸福呀。我们动不动就夸隔壁家小明隔壁家老王，但什么时候可以带着满满的爱意夸夸自己家孩子自己家先生呢？你有没有习惯性地给家人爱的鼓励和表达？这对他们真的很重要。

第三章

七年之痒，亲密关系何处安放

1

第一节　理解婚姻，洞悉婚姻本质

第一课　结婚几年，是什么让我们越来越不幸福？

网上有这样一个段子：所谓婚姻，就是有时很爱他，有时很想一枪崩了他。结果在去买枪的路上遇到他爱吃的菜，买了菜却忘了买枪。回家过几天想想，还得买枪……健康的婚姻，其实就像是两个人相爱相杀的故事。然而，假如不经过很好的经营，婚姻并不是那么容易健康成长的。

自从两个人相遇，恋爱很甜蜜，婚礼很浪漫，婚后一两年一直过着充满爱意的二人世界，让两个人甚至越发坚定了牵手走过一生的信念。然而，携手走过了几年，孩子出生了，父母渐渐老迈，婚姻带来的负面影响越来越超出预期：洗衣做饭带孩子，柴米油盐酱醋茶……生活的细枝末节让我们的爱情渐渐消磨，曾经的甜言蜜语被日常拌嘴取代，曾经的脉脉含情被日常忽视取代，曾经的"情人眼里出西施"被日常互斥"非常差劲"所取代……

一、为什么婚姻中会出现七年之痒？

其实，任何一种关系，包括我们的婚姻，都会有一个自然的发展过程。当我们步入婚姻殿堂，基本都会经历这五个阶段：浪漫期、权力争夺期、稳定期、承诺期、共同创造期。而我们今天要谈的所谓的"七年之痒"则处于走过了浪漫期，进入了权力争夺期。

处于浪漫期的两个人，也就是我们所说的热恋期的新婚夫妇，彼此没有足够的了解，总是将自己的一部分美好想象投射到对方身上。然而，随着夫妻相处的时间越来越久，对方身上不符合自己期望的部分逐渐浮出水面。慢慢地，夫妻两人便会把过多的目光放在对方的不足上，对自己的不足却视而不见；再进一步，他们试图改变对方，以符合自己的期待。假如两人互不相

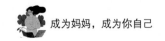

让，各种冲突也就随之出现了。

总之，所谓的七年之痒，意味着我们的婚姻已经到了一个特定时期，当夫妻二人在不断爆发的冲突中主动找到适合彼此的相处模式，那么未来的婚姻生活将更上一层楼；反之，可能导致劳燕分飞。

那么，步入婚姻多年后，我们都会遇到哪些冲突呢？

二、婚姻中的这些危险信号，你中招多少？

第一种，抱怨、批评、苛责——负能量爆棚的相处模式。

这里提到的几种夫妻间常见的交流模式，包括抱怨、批评、鄙视、嘲讽、挖苦等等，都带有巨大的负能量。也许两人中的一个人本来心情就不好，因此就会用这种方式发泄自己的情绪，把负能量转移到对方身上。更可怕的是，假如这种交流方式已经形成习惯，那么夫妻关系将面临更多的矛盾。

一般来说，抱怨只涉及对方做的错事，比如"你昨晚没有打扫厨房，我们说好了轮流做的"；而批评则打击面更广，甚至上升到了批判对方的性格、人格，比如"你又没有打扫厨房，本来说轮流做的，结果又让我来，你怎么老是这么不长记性"。少量的抱怨可能会让另一半了解到你的诉求，但是假如你一直絮絮叨叨说一堆，大概率会让对方炸毛。苛责更是如此，一句"你怎么总是这样"这种带有很强针对性的话，非常容易激起对方的反感情绪。

第二种，吵架。

我们通常会因为一个非常小的问题而陷入无休止的争吵中，争吵的时候，两个人都会困在争执的内容里面，掉进死胡同，两极化地思考并坚持己见：我们似乎想要挖出事实的真相，比较谁说的更符合事实，谁的过错更大。更糟的是，彼此的回应又会不断地衍生出新的问题，新的问题又引发了更多负面的情绪。就这样，为了什么事情而争吵已不再重要，重要的是，我们一定要把谁对谁错、谁是谁非分个清楚。但是结果事与愿违，争吵愈烈，两人的关系就会充满越来越多的怨恨、戒备和疏离。

当然，并不是说吵架一定不好，有时候吵架也是促进夫妻感情的一种方式，通过吵架，两个人发现矛盾，摆明矛盾，解决矛盾。但一旦我们陷入上面的那种模式，不仅什么问题都没有解决，甚至还在心里留下疙瘩，导致更严重的问题。

第三种，冷战。

冷战在夫妻间是非常常见的，可能情况是夫妻中的一方非常挑剔刻薄、具有攻击性，而另一方则是防卫性强、态度疏远。双方可能经历了我们前面说的几种处理问题的模式，但是矛盾没有得到解决，情绪没有宣泄出来，因此其中一方便选择用沉默去冷却这段冲突。

据研究，85%的婚姻中，丈夫都是冷战发起者。因为一般来说，女性天生就能更好地处理压力，将敏感的问题提出来，以求解决；而男性会更多地选择逃避冲突。冷战也许可以让两个人都冷静下来，有机会去考虑问题的前因后果，寻求解决方案。但因为心怀怨气，彼此都想让对方先妥协给自己台阶下，然而又都不肯先主动低头，因此，冷战只会把问题搁置、隐藏起来，等待下次机会再度发作。

最可怕的是冷暴力。

冷暴力是一种情感暴力和情感虐待，它总是伴随着冷淡、轻视、放任、疏远和漠不关心，因此让对方在精神上和心理上受到侵犯和伤害。

其实，冷暴力是以多种形式普遍存在着的，通常的表现有用讽刺挖苦、侮辱性的言语来发泄自己的情绪，伤害对方的自尊心，对对方漠不关心，拒绝情感沟通，以及将语言交流降到最低限度、性生活敷衍或干脆玩消失。这种做法危害非常大，任何一种都会毒害夫妻关系。需要注意的是，冷暴力不仅仅表现在对伴侣漠不关心、忽视伴侣的存在，日常生活中很多冷暴力情况的发生，你甚至都意识不到，但它们确实对夫妻关系非常有危害。举个例子，小米的性格是大大咧咧的，对很多细节问题不会特别在意，她的丈夫则总是很喜欢揪着这些细节不放，甚至经常说出"你就是这么不靠谱""看吧，这就是你做事不行的原因"等类似挖苦的话。这类鄙视的话带有一种隐性的优越感和攻击性，让小米的自信心非常受打击，因此他们两个人在那段

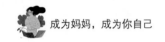

时期矛盾不断升级，甚至每天都是冷冷淡淡，不愿意再和对方说一句话。

夫妻两人在遇到问题时，一般女方会选择吵架来寻求解决办法，而男方则更多选择沉默、冷处理，因此冷暴力的施暴者通常是男方，他们会故意忽略对方的存在，并且让对方体会到自己没有任何价值，因此陷入绝望痛苦的煎熬中。

当问题无法调和、令人绝望时，夫妻关系很可能会以出轨或离婚收场。

在夫妻中，有一方向另一方妥协，放弃了争个高下，不再坚持己见，表面看上去，二人不再有矛盾，处在了很平和的状态，依旧共同生活，甚至还被外人认为是模范夫妻，然而他们却已经没了爱和热情，更甚者，没了性生活，乃至分居。

有这样一个例子，夫妻两人各方面都非常契合，三观、兴趣爱好都很一致，家庭、学历、收入、长相都门当户对，两个人是外人眼里的好妻子、好老公，然而他们却毫不犹豫地离婚了。为什么会这样呢？

原来，两人几乎每天都要因为一些鸡毛蒜皮的小事而产生矛盾，比如买菜、停车、加油，都会起点争执。如果只是偶尔发生那也还好，但每天争执，并且持续很多年，这就像钝刀子割肉一样，无声无息地消耗着夫妻间的所有情感，剩下的只有绝望和无力感，对方一句"累了"，最终为这段婚姻画上了句号。

三、弄清婚姻冲突背后的核心问题

婚姻会由浪漫期进入权力争夺期，这是一个比较普遍的发展阶段，这一般源于夫妻二人的个性差异，包括性格、思维模式、价值观或者生活习惯等方面。这种种差异，加之在处理生活中遇到的各种问题时没有选择合适的沟通方式和处理方式，导致了夫妻间的更多矛盾。比如，丈夫不喜欢洗袜子，脱下来到处扔，而妻子非常讨厌这种行为，就开始抱怨丈夫邋遢、不爱干净，两人情绪上升，最终对话可能上升到吵架甚至冷战。

除了因为个性差异而产生的矛盾，在婚姻中还有很多矛盾源头，比如婆婆在你们的小家庭中参与过多，但是丈夫又没能好好处理两个女人之间的问题：要么偏袒妈妈，一味责怪妻子；要么回避，假装什么也没发生。这种时候，夫妻双方的矛盾只会越来越激化。工作压力、家庭的经济压力也更容易将夫妻间的冲突激发出来。

以上我们找出了夫妻间产生问题的几种表现，那么问题产生的根源在哪里呢？

其根源就在于，无论哪种危险信号，都意味着夫妻双方彼此都切断了情感的联结，已经失去了对彼此的信任，难以再体验到安全感。争吵其实是对情感失去联结所发出的抗议；愤怒、指责、挑剔、刻薄等，其实都是对爱人的呼唤，只为了搅动对方的心，希望他们能在感情上回头。夫妻间的冲突，其实正是害怕失去对方的表现。

夫妻双方在感受不到安全感时的处理方式和沟通方式是否适当，决定了双方之间冲突的走向。

四、不幸婚姻的危害

很多时候，人们总认为一段好的婚姻是理所当然的，不需要太过重视和精心培育。然而，假如你的婚姻并不幸福，会带来各种肉眼可见的有害影响。

根据美国著名心理学家约翰·戈特曼的研究，处在不幸婚姻中的当事人患病概率会增加35%，平均寿命还会缩短4年。究其原因，可能是身处不幸婚姻的人，生理上和情感上的压力会加剧身体损耗，从而引起包括高血压、心脏病等在内的各种身体疾病，还有焦虑、抑郁、暴力倾向、精神性疾病等心理疾病。

当婚姻出现危机时，夫妻双方还不是唯一的受害人，孩子也会跟着受苦。一项对60多名学龄前儿童的调查发现，生活在父母互相敌视的家庭里的孩子和其他孩子相比，长大后更容易抑郁、不合群，喜欢攻击别人，成绩也会更差，甚至更容易辍学。

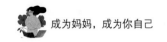

第二课　化僵局为和谐，如何处理夫妻矛盾及差异？

好的婚姻会给人极大的安全感，再大的风浪双方也能够扶持着走过，让共同的生活质量提升一个档次；而不好的婚姻会把整个家庭拖入泥潭。没有哪对夫妻一结合就能毫不费力地获得好的婚姻，就算被芸芸大众非常羡慕的文坛伉俪钱钟书与杨绛夫妇，也是在婚姻中不断地妥协让步，才互相搀扶稳稳地走过了一辈子。在本课中，我们将从三个方面循序渐进地带大家理解自己的婚姻，帮助大家逐渐减少婚姻中容易出现的冲突和矛盾。

一、增加情感回应，让接受和理解先行

杨绛先生在《我们仨》中说过："在物质至上的时代潮流下，想提醒年轻的朋友，男女结合最最重要的是感情、双方互相理解的程度。理解深才能互相欣赏、吸引、支持和鼓励，才能两情相悦。"拥有被世人艳羡婚姻的杨绛先生非常中肯地将"理解"两个字摆在了婚姻中最重要的位置，我们也可以由此了解到夫妻间互相理解的重要性。

在我们的婚姻生活中其实有一个重要事实，那就是在所有的争论中，无论争论的问题是什么，无论多大多小，没有人是永远对的。也就是说，夫妻双方争论对错是完全没有意义的，但仍然有很多夫妻在这件事上乐此不疲地争来争去，似乎非要压倒对方才行。所以，当遇到了问题，如果想解决，必须让对方觉得你理解他。假如你或者你们两个，都觉得被对方批评、误解或者拒绝是不能接受的事，那你们就不可能处理好婚姻问题。举个例子，你工作不是很顺利，和老板有了分歧，你跟丈夫说了事情的来龙去脉，希望他评判一下，然后给一点建议，实质上也是想让他安慰你一下。但是听到你说的之后，他就立刻开始批评你，说你哪些地方做得不对或者不好，而你老板是没问题的。这时候你会怎么想呢？是不是非常后悔跟他提起这件事？谈话就此打住了，不会再继续进行下去。

实际上，只有感到自己被别人喜欢和接受时，人们才会改变自己的行为。当你觉得自己被别人批评、厌恶，不被别人赏识时，你很难会做出改

变，你甚至会觉得自己被攻击，反而会努力保护自己。因此，理解彼此的需求，认可和肯定彼此，是夫妻间进行一切有效沟通的前提条件。

与此同时，我们还需要从爱人那里得到情感回应。美国约翰·戈特曼教授的研究表明，婚姻失败的原因不在于争吵的次数越来越多，而是在于彼此间爱慕和深情的回应越来越少。事实上，缺乏情感互动比争吵的频率更能预测出婚姻在5年之后的稳固程度；婚姻失败是由于伴侣之间亲密互动与回应越来越少，而争吵和矛盾是在这之后才发生的。

那什么是情感回应呢？比如说，你跟丈夫因为一些事吵起来，他是一个不太爱表达的人，有什么事就是沉默，用沉默回应你连珠炮一般的指责和控诉，但这样反而让你越来越生气。两个人没有尝试沟通，而即使沟通估计也是无效的，因为一个人步步紧逼，另一个人却步步退缩，你们两个人都感觉特别绝望。这就说明，两个人都没有对彼此有情感上的回应。

换个场景，你们彼此都做出一些情感回应。你不会刻意控制自己的情绪，爆发完情绪之后你会跟丈夫说："我之所以这样说，是感觉很伤心。你一直不说话，让我感觉你很冷漠，真害怕你对我没感情了，我觉得一个人特别孤单。"你这么说，其实就是吐露了心声，展示了自己比较脆弱的一面给丈夫，把自己的需求和恐惧告诉了他。这样，他基本也会开口，说出自己的感受，两个人开始用心交流，心灵相通了。于是，两个人都给了彼此情感回应，双方都获得了安全感和亲密感。

加拿大心理学家苏·约翰逊（Sue Johnson）的依恋理论告诉我们，爱人是我们人生的庇护所，如果这个人的心不在我们这里或者对我们冷淡无回应，我们就会觉得凄凉、孤单、无助，于是各种情绪随之而来。当你最后得出的结论是你和丈夫之间不再那么亲密，你们的感情就开始有了裂缝，也就是我们常说的感情不和。

假如你们彼此懂得情感回应呢？根据苏·约翰逊的研究，85%的伴侣摆脱掉了消极的互动模式，开始创造了新的情感联结方式，他们的关系都得到了很好的改善。

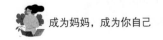

二、远离恶魔式交流，掌握良性的沟通方式

什么是恶魔式交流呢？比如，在遇到分歧时，不是大呼小叫就是冷酷的沉默；情绪一上来，根本顾不上也懒得听取那些所谓的忠告，如换位思考、站在对方角度去想一想之类的做法。远离恶魔式交流，需要掌握一些良性的沟通方式。

第一，尽量以温和的姿态说话。

所谓温和的姿态，就是当你们遇到问题或分歧的时候，不要带着批评或者鄙视对方的负面情绪，而是可以对事不对人。比如说："我承认我有时候是有点儿懒，但是锅碗就摆在厨房里，我又一直在忙别的，你应该看见了，但是碰都不碰一下。我感觉好累啊，真没办法一个人做那么多事。"这么说话就采取了温和的姿态，因为抱怨的重点在做事上，而不是直接指责对方，比如："你怎么总是眼里没活儿？非要等到所有事都我来做才可以是吗？"

如果你正在生对方的气，在急着爆发之前，最好先做一个深呼吸，不断提醒自己：温和一点儿、再温和一点儿。这里给你几条建议，可以帮助你以温和的方式开始一场谈话。

可以抱怨，但不可以责备。抱怨和责备有什么区别呢？抱怨是对事，责备是对人。不管你觉得责备对方是多么正当的事儿，也不要这么做，因为这只能激化对方的反感情绪。夫妻之间的讨论、争论以什么样的方式开始，基本上也会以同一种方式结束。假如你一开口就带着情绪指责对方，攻击对方，那么对话基本上不会变得和平起来；假如你温和一点儿，以一种商量聊天的口吻去说事，可以抱怨，但是不批评、不攻击对方，那么夫妻间的互动会更有效果。

说话时以"我"开头，而不是以"你"开头。听一下这两句话："你根本就不关心我。""我觉得我被你忽视了。"是不是后者更容易接受一些呢？所以，当你说话时，一定要注意，更多的是陈述自己的感受，而不要指责对方。

第二，把问题明确地讲出来，就事论事，不上升到人格评判和侮辱。

对此，需要做到以下几点：

1. 不要闷声不响，把所有事情憋在心里。可能有些人会通过沉默厘清思路、消化掉坏情绪，但是对我们大部分人来说，闷声不响通常只会把遇到的问题在心里不断发酵，最终还是会出现更具破坏力的爆发。

2. 只描述事实，不作评价判断。不要说"你让我很生气"，而是要说"我觉得很生气"。这样说的好处是，对方不会觉得被批评了，反而会认识到问题并思考他接下来该怎么做。

3. 明确地表达你的观点，越具体越好。也就是说，不要让对方去猜你的心思，不要说"屋子里这么乱都不收拾一下，一定要等到什么都要我来做"，而是要说"你把地拖一下，然后把垃圾拿出去扔掉吧"。

第三，试着去主动妥协和让步。

正如很多人说过的，不管你喜不喜欢、愿不愿意、能不能做到，妥协和让步是解决大部分婚姻问题的唯一有效的办法。确实是这样。

相处比较融洽的夫妻之间，一般来说都容易做到适当地调整自己，以便配合对方。不过要注意的是，夫妻间要避免只让其中一个人妥协让步，做所有的牺牲。每个人都让步一点儿，这样创造出来的关系才更长久。假如你想让另一半做出改变，你自己也需要做一些改变。

当然妥协也是有条件的，在一些无关紧要的小事上产生矛盾时，妥协是完全有必要的，但是一些原则性的问题是坚决不能妥协的，而是需要坚持自我。比如，一位妈妈在生育后受到了婆婆不公正的对待，婆媳关系一度紧张，而丈夫因为不了解具体情况，相当袒护他的母亲。对这种问题，就坚决要维护自己的权利，不可以过多让自己做牺牲。在婚姻中，你不要放弃自我，而是跟另一半一起商量，碰撞出对双方都友好的相处模式，这就是最好的伴侣关系了。

三、通过改善性爱，化解两人间的隔阂

首先我们要清楚，性生活对于夫妻间的关系有着很重要的作用，它不只是新鲜感的代名词。苏·约翰逊在《依恋与亲密关系：伴侣沟通的七种EFT

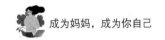

对话》一书中说道："安全牢固的情感联结与性爱的满足是相辅相成的。心灵相通能创造效果极佳的性爱，而效果极佳的性爱又能创造更深的情感联结。"

上面的理论具体说来，就是一对夫妻能建立稳固的感情联结时，也就是夫妻关系开始由冷漠变得很愉快舒适时，性生活就会自动或借着共同努力获得改善；两人的性生活质量改善后，再次获得的愉悦和亲密感，以及性高潮释放出来的大量催产素反过来又会提升夫妻关系的质量。有一档电视节目也证实了这种理论，有兴趣的话，大家可以去网上搜索《一周性爱改善实验》节目。这个实验用真实的例子告诉我们这样一个道理：性是可以拯救婚姻的。

也许你会觉得，都老夫老妻了，夫妻关系已经变成亲情，加之孩子、经济压力、生活琐事等等需要耗费精力和体力的现实问题，有没有性生活都不重要了。而当遇到越来越多的矛盾之后，二人更有可能过上无性生活的日子。此外，现实中即使夫妻仍然有性生活，质量却相当低。

那么，有没有解决办法呢？难道我们年长日久之后，维系夫妻关系只能靠亲情、习惯，或者孩子了吗？当然不是。下面这个例子可以给你一些启示。

妻子真真和丈夫程辉如今有两个孩子，大的在上大班，小的上小班。随着父母年迈，身体也相继出现了问题，二人的家庭、工作压力让他们对彼此越来越看不顺眼，动不动就吵架，甚至都有了离婚的念头。两人的性爱次数也越来越少，而且每次都很敷衍。

为了改善关系，在咨询了一些机构之后，他们进行了一步步的尝试。开始时，他们对性生活的话题非常难以启齿，甚至在刚结婚时都很少对此做交流。之后，他们尝试谈自己的感受，比如真真总感觉她即使主动，也不会得到程辉太多的回应。她很受伤，心想也许是程辉觉得她人老珠黄不再有吸引力了，因此对她没了渴望，等等。总之，真真把她关于二人性生活的感受和期待亲热的感觉都说了出来。而程辉听到这些之后，也终于忍不住说了他的想法。白天的工作让他筋疲力尽，晚上只想休息，而且还会担心由于体力和精力的问题不能满足她，让她失望。总之，两人算是彻底说开了。

在这之后，他们都互相吐露了心声，他们都很爱对方，需要对方，也渴望亲热。他们开始重视性生活，重新布置了房间，一起看有关性爱的书，甚至也是第一次开口讨论怎么互相挑动情欲让彼此满足……真真和程辉通过各种尝试，终于获得了最有效的性爱指南：创建亲密感的能力、倾听彼此心声的能力和同步深情欢合的能力。

再后来，他们的性生活有了很大改善，感情也越来越亲密，他们的生活各方面也在逐渐改善。

2 第二节　练就婚姻高情商，开启人生新起点

第一课　成熟婚姻大前提：培养独立完整的自我人格

曾经有很多幸福婚姻的箴言和建议大行其道，比如"要抓住男人的心，先要抓住男人的胃""做一个温柔的女人""会撒娇的女人最好命"，甚至有很多课程教授诸如"如何俘获男人真心""御男之术"等内容。这些方法对于短时间内改善家庭婚姻生活也许能起到一定的效果，然而治标不治本，这种把女性当作男性附属品、把女性定位为封闭在小家庭和婚姻中一味索取的形象以及一切以丈夫为中心的价值观本身就是非常不健康和不成熟的。那么，健康、成熟的婚姻是什么样的呢？有没有一种方法能从源头上让夫妻、婚姻、家庭生活，就如空气般自然和谐呢？下面，请大家一起来开启这一课的内容。

一、不要在婚姻和家庭中丢失了自我

在我们的生活中经常有这样的例子，当孩子降临、慢慢长大，丈夫的事业也进入更快速的发展时期，获得妈妈身份的妻子一般都开始考虑"退居二线"，要么成为全职家庭主妇，要么放弃曾经的职场追求，寻找一份收入不高却安稳、离家近的工作，把更多精力投入相夫教子中：做饭、做家务、养育孩子、照顾丈夫，家庭中的琐事几乎占据了女人的全部生活。

她的计划中有教育孩子、辅助丈夫，以及默默经营好整个家庭，唯独没有了自己。正是这一点，让越来越多的女性吃尽苦头：和丈夫越来越不同频；被孩子嫌弃丑；因为日复一日的付出而逐渐变成"怨妇"；丈夫抛弃"糟糠之妻"，寻求更有吸引力的外遇……

有这样一个例子，英子和丈夫都是职场人士，在有小孩之前两人过得还

算和美。自从有孩子之后，更多的家庭负担落到了英子身上。英子每天早上早早起来准备早餐，丈夫吃过之后就去上班了，英子照顾孩子吃完饭就赶紧送去幼儿园，自己则去单位后才稍微垫点吃的。丈夫的大男子主义也慢慢显示出来：认为自己每天上班很忙很累，况且一个大老爷们也不适合围着灶台转，洗碗擦地洗衣之类的家务都是女人的事。英子被工作、家庭折腾得异常疲惫，但是又不敢辞职去做全职主妇，毕竟家里还有房贷车贷，只好找了一份家附近的工作。因为身心疲累，英子越来越唠叨。这份工作收入不及之前的一半，唯独好在能早点下班，方便接送孩子上下学。因为收入的大幅减少，英子感觉到丈夫对自己的态度开始变得有些傲慢和不屑……

我们可以发现，英子在婚姻和家庭中已经越陷越深，甚至迷失了自我，就像是自己给自己编织的牢笼，把自己一圈圈困住。

但是，跳出来看的话，我们也会非常清晰地了解到，进入七年之痒的婚姻，仍然有三种选择——可以选择离婚；也可以选择继续挣扎同时付出代价；还可以选择学习和成长，然后获得和谐的婚姻。我们当然想选择最后一种方式，而这种方式最基本的要求就是从改变自己做起。在婚姻中，我们必须对"我是谁""我要的是什么"有一个清晰的认知。

二、自尊而独立的女人才最有魅力

在婚姻和家庭中，你是怎样定位自己的角色的？某某的妻子？某某的妈妈？

首先，我们来了解一下自我价值感。这是一个心理学领域的专业术语，自我价值是个人对于自己价值的判断、信念和感受。例如：我是一个什么样的人？我够不够好？想一想，假如你很喜欢一件东西，你会怎么对待它呢？你会很爱惜，觉得它价值很高，把这件东西类比为自己，也是一样的道理。自我价值感低的人总是非常在意别人对自己的看法，不管做什么都要考虑别人的感受，或者别人提出异议时很容易动摇。她们爱自己很少，甚至还会瞧不起自己。

自我价值感高的人是什么样的呢？自我价值高的人，也就是高自尊的

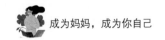

人，清楚地了解自己的价值，知道自己哪些地方是优势、哪些地方是缺点，并且更懂得欣赏自己的长处，所以会爱自己多一点。那我们怎样才能做到自尊而独立呢？

（一）首先应该做到能够自我接纳和自我尊重，建立稳定、肯定的自我价值感。

事实证明，家庭中无法接纳自己和尊重自己的女性大有人在。比如，曾经有位妈妈总是盯着自己和丈夫的缺点，尤其是步入婚姻几年之后，总对对方指指点点、吹毛求疵，然而对两个人的优点却视而不见，觉得是理所应当的。其实，行为的根源就在于这位女性朋友内心深处的自我怀疑，她没有从内心接纳自己。这同时也表明她是一个低自尊、不爱自己的人。低自尊的人总是把事情往坏处想，她们不愿意看，不愿意听，不去用心感受这个世界，而是习惯于挖苦、批评家人。

想要做到自我接纳和自我尊重，首先要了解自己，这是最根本的一点。简简单单的四个字，我们中大多数人穷其一生可能都没办法做到。而了解自己对于建立稳定和肯定的自我价值感又具有重大意义。具体怎么做呢？最简单的方法，比如列出来你喜欢什么，讨厌什么，需要什么，对你意义很重大的一件或几件事是什么，等等，通过这种方式可以发现你的个性、天赋或才能等你从来都不会注意到的特质。当你开始自省时，想得越深入，也就越了解你自己，越能发现自己的独特之处，也因此更加认可自己的价值。

其次，要懂得原谅、接纳自己。上面这位妈妈之所以总是喜欢挖苦、批评家人，在于她对自己的怀疑和苛刻。对自己太苛刻的人，很容易陷入一轮又一轮的痛苦循环中。因此，你应当明白犯错是人之常情，每个人也都是有缺陷的，要想朝前看，就必须原谅曾经犯过的错。

最后，要做到爱自己。怎样才能做到爱自己？盖瑞·查普曼（Gary Chapman）在《爱的五种语言：创造完美的两性沟通》一书中说，我们可以将对伴侣表达爱的方式用在自己身上，包括：肯定的言语，多对自己说肯定、鼓励、打气的话；高质量的相处时间，再忙也要留给自己一些独处时间，放空自己，反思自己；偶尔送个礼物犒劳自己；关爱自己的身体和心灵，如健身、保证充足的睡眠、阅读；以欣赏的目光看待自己，拥抱自己。

以上，能够帮助我们做到自我接纳和自我尊重，接受自己不能改变的地方，努力改进那些能改变的地方，建立稳定、肯定的自我价值感。总之，我们需要知道，照顾别人的同时也要兼顾自己的需要。

（二）"妻子""母亲"之外，追求实现自我价值的全新角色。

Papi酱曾经对自己的人生做了一个排序：自己、伴侣、孩子、父母。其实这个排序有一定的道理。把自己排在第一位也就是说，你必须保证自己拥有独立完整的人格，把自己当作一个有需求、有追求的人来对待，而非围着家人团团转的附属角色。不要存在托付心态，在家庭中你也应该有自己的人生，且要为自己负责。

越来越多的女性开始勇敢地追求除了家庭之外的新价值。比如网络上很火的女神李一诺，作为三个孩子的妈妈，她从来没有停下脚步，离开麦肯锡归国后，她一头扎进教育行业，创办了"一土学校"。你可能会说，这个是特例，很多女性仍然在与生活纠缠着，慢慢变成黄脸婆。但其实，我们身边也有很多女性朋友在家庭琐事之外，开辟了自己的一片新天地，比如注册公司、创业等。希望越来越多女性朋友们能从家庭和婚姻中走出来，发现自己的初心，勇敢追求自己渴望的东西，保持一颗年轻的心和旺盛的求知欲。

三、培养并塑造成熟的婚姻观

首先，我们要明确一点，成熟的婚姻观一定是建立在成熟的人格之上的，也就是我们前面所说的成为自尊而独立的人。之所以婚姻问题重重，其根本原因还在于，步入婚姻时两个人还不够成熟。每一位家庭成员都是彼此依存而又相对独立的个体，两个人互相搀扶、互相促进，而非彼此消耗，才能使婚姻稳步地走下去。

只有形成了完整的人格，才能以更加理性和客观的方式看待对方。因为在婚姻的矛盾和冲突中存在太多主观的情绪和想象，比如因为对方近段时间太忙碌，从而怀疑另一半不爱自己了。因此，首要的是自己给自己安全感，然后再去了解对方的做法和需求。

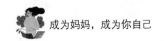

　　成熟的婚姻里，没有谁要征服谁、谁要听谁的。我们知道，试图征服对方这种尝试，其结果必然是伤害对方的自尊，还容易引发各种抵触、怨恨的情绪，这些对婚姻是非常致命的。认识到这一点，你就拥有了相对成熟的婚姻观。

　　成熟的表现是，对人生价值、身心健康、生活的深刻理解，对人对事的正确认识，对待家庭的责任感，对生活情趣的认识和实操，合适的生活模式、良好的生活习惯。

　　此外，好的婚姻没有固定模式，踏入一段婚姻，成熟的人非常清楚地了解自己的需要，也懂得何时做什么样的选择。

　　成熟的婚姻，无非是懂得失、知进退，不盯着彼此的缺点，不把对方逼到死角，不盲目攀比。从当下拥有的生活中，去发现好的并享受它，然后自行消化掉差的。这不是苦忍，这只是婚姻的成本。

　　杨澜曾经说过：夫妻之间除了爱，还有肝胆相照的义气，不离不弃的默契，共同孕育的成长，以及刻骨铭心的恩情。

　　成熟的婚姻，除了陪伴，还要互相滋养，促进彼此的改善和进步。你走慢了，我等等你；你为我付出，我为你屈就。

第二课　让队友更给力：学会影响你的丈夫

　　步入中年，我们不得不承受各种各样的压力，比如孩子上幼儿园、小学的问题，婆媳住在一个屋檐下的问题，以及彼此工作的问题，等等。这时候，假如夫妻二人能够齐心合力共同面对，即使再苦再累也让人心怀希望。都说婚姻中平平淡淡才是真，磕磕绊绊是常事，但是生活中出现太多意见不一致的问题，积累到一定程度也会引发巨大的矛盾和隔阂。夫妻两人每天因为一些鸡毛蒜皮的小事拌嘴，时间一长，总会出现一方忍无可忍，提出离婚的情况。那么，问题到底出在哪儿呢？其实，家庭生活中的各种磕绊都是表面现象，最根本还是夫妻不够同频。

一、培养"我们"意识

"我们"意识是指夫妻团结一致对外的意识，这种意识可以让我们的婚姻更稳固。

（一）对于婆媳矛盾，要建立"我们"意识。

婆媳矛盾我们已经见过太多了，婆媳生活习惯不同、脾气不和或者婆婆对儿子的占有欲过强等，都会导致婆婆与儿媳产生不可调和的矛盾。很多解决办法都提倡让做儿子和丈夫的和稀泥，做个和事佬和调停人，然而，这种做法解决不了根本问题，只会让局势越来越恶化。

婆媳关系紧张的核心，其实是两个女人为得到一个男人的爱而发生的"地盘争夺战"。突破口就在于这个既是丈夫又是儿子的男人。因此，摆脱困境的方法只有一个，那就是丈夫要做出正确的选择：和妻子站在一边，一起反对他的母亲。是不是听着非常难以理解和接受？我们的传统孝道是儿子要悉心赡养双亲。在我们的现实生活中，很多丈夫都听不得妻子说自己母亲不好，哪怕一句话。让他站出来反对母亲，做儿子的估计要掀桌子了，而婆婆也可能会感到非常受伤。

虽然很难，但其实是非常有道理的，夫妻都要明白婚姻的本质，既然组建了一个新的家庭，那么对丈夫一方来说，妻子应该就是排在第一位的，他首先要保证的就是婚姻的和谐与美满。牺牲了夫妻的感情，就等于牺牲了一个家庭的安全感和稳固性，接下来什么不幸的事情都可能发生。

有这样一个例子，婆婆总是喜欢找媳妇的茬，而又在儿子面前摆出无辜而有理有据的样子。妻子受了委屈，跟丈夫说了事实，反而被丈夫训斥不懂事。忍无可忍之后，妻子选择了离婚，两年后再看到前夫时，发现他憔悴不堪。原来再婚后，丈夫的第二任妻子每天都与婆婆争吵甚至大打出手，结果在一次冲突中，婆婆不慎从楼梯上摔了下来，受重伤住进了医院。丈夫遇到前妻，对自己之前的行为后悔不已。

那么，丈夫应该怎么做呢？做丈夫的要和妻子建立共同的家庭仪式感、价值观和生活方式，并让他的父母尊重他们，而不可以让父母表现出任何蔑

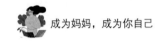

视的态度。一般当丈夫做出了站在妻子一边的选择时，父母会慢慢接受并习惯儿子的做法，毕竟，这是他们的儿子。

（二）在孩子身上，也需要培养"我们"意识。

通常在有孩子之后，女人会因为诸多问题而感到生活质量下降，比如缺乏睡眠、照顾小生命付出巨大的精力、抚养孩子和工作带来双重压力、失去自己的时间等等。可能很多丈夫认为这本来就是女人的事，非但不帮忙，还会对妻子求全责备。这时候妻子是无能为力的，需要改变的是丈夫。做丈夫的必须抛弃老一套观念，和妻子肩并肩，一起以"我们"的角色，来应对孩子到来所出现的各种问题。

那么，这个"我们"意识怎样才能建立起来？妻子和丈夫都要做哪些改变呢？

首先，让丈夫参与照顾孩子，并成为孩子的好伙伴。

在一个家庭有孩子之后，很多女人一心扑在了孩子身上，把丈夫、自己都排在了特别靠后的位置。而在照顾孩子上，妻子也越来越有话语权，似乎成了一个专家，丈夫插手时，会受到一堆批评。这就导致了本来一直以工作为重的丈夫，在空闲时更不愿意加入照顾孩子的行列。其实这种状态是非常不健康的。妻子要记住，不是只有自己照料孩子的方式才是最正确的。让丈夫参与进来，即使偶尔有一些微小的不安全因素，也无关紧要，这是让丈夫这个门外汉慢慢上手必须经历的过程。当然，假如丈夫的方式太不温柔和安全，可以用求教的方式，让他学习一些育儿知识，反过来教自己。

国内某本有关儿童性教育图书的编辑，在一次讲座时发现，现场的几十位家长中，只有两位爸爸。如今越来越多家庭的亲子阅读、亲子游戏，几乎都是由妈妈和孩子完成的，爸爸缺位似乎有点儿严重。其实，经常与爸爸在一起相处和游戏的孩子，可以从爸爸那里获取更多的知识、经验、想象力和创造意识，有利于激发孩子的求知欲、好奇心，也能让孩子养成独立、自信、勇敢、坚强、宽容等品质，而和妈妈在一起时则不一定能够形成这类特质。爸爸在与孩子成为好的玩伴之后，不仅得到了家庭的新角色，获得了全新的体验，也可以让妻子喘口气，夫妻两人的关系也会因孩子而得到更好的连接。

其次，妻子要关注丈夫的情感需求，丈夫要让妻子有休息的时间。

孩子的出生打破了夫妻的二人世界，妻子的精力被孩子占据，丈夫在妻子心中的位置被剥夺了。虽然丈夫明白，孩子的需要更加重要，但是在内心深处仍然会怀念妻子从前的样子。这时候，妻子必须让丈夫明白，他仍然是她生活中最重要的，只有这样丈夫才能理解并支持她。假如妻子不顾及这种婚姻的诉求，丈夫多半会出问题。

美满婚姻的维系既有对妻子的要求，也有对丈夫的要求，那就是丈夫要适当主动地让妻子卸下家庭的负担，稍作休息。比如，早点下班回家或者在周末的时候接替照顾孩子的任务，让妻子补补觉、和朋友约约会、出去逛逛商场等。这不仅能让夫妻二人之间更加理解彼此，关系更亲密，婚姻也能更加稳固。

二、高情商丈夫是怎样练成的？

我们可能经常听到这样的话："你一个女人懂什么？""我干吗听你的？""大老爷们儿说话你瞎掺和什么？"这种大男子主义的、毫不尊重妻子的丈夫，在现实中比比皆是。我有一位女性朋友，很独立，自尊心强，每当丈夫跟她这样说话时，就极为反感，这之后两个人的聊天很多时候会上升为争吵甚至冷战。

可能你会说，掌权当家的是男人，他们有这样的想法是可以理解的。但现如今时代已经发生了变化，女性在社会上扮演着越来越重要的角色，日益增多的女性工作岗位不仅让女性有了收入来源和经济地位，也让她们有了自尊心。于是，"夫妻权力分享"这个概念就产生了。也就是说，让夫妻两个角色在婚姻中变得更平等，让家庭生活缺位的男人回归家庭。

高情商的丈夫是什么样的呢？他能尊重妻子，愿意从妻子身上学习更多的情感知识。他能了解妻子的世界，愿意了解孩子及孩子的朋友。他会选择更合适的办法与妻子更好地做情感沟通。比如，当他玩手机时，他的妻子想和他说说话，那么他会立刻放下手机，一起聊天。家里拥有这样一位高情商

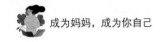

的丈夫，家庭生活会有滋有味、丰富多彩，而家庭的幸福美满反过来也让男人更具有创造性，工作更有干劲。

为了修炼成高情商的丈夫，需要做些什么呢？

首先，让丈夫改变态度，即愿意接受妻子的影响。

要明确一点，这样的丈夫并不一定是在性格、个人修养或者才能上比别人更优秀，他们只是弄明白了这样一个最根本的问题：对妻子表达尊重和敬意。这样的丈夫愿意接受妻子的影响。所谓接受妻子的影响，并非凡事都听妻子的，否则就成了"妻管严"。"婚姻教皇"、美国著名心理学家约翰·戈特曼指出：接受配偶影响的内涵，是让世界上所有的与人生相关的论点都与爱配偶、尊重配偶的理念相协调。简单说，就是丈夫要时刻注意尊重妻子，尊重她的人格，尊重她所做的事儿，而非视而不见或者一味否定。

比如，妻子在家忙里忙外收拾家务，照顾孩子吃饭睡觉，丈夫下班后饥肠辘辘地回到家，发现妻子还没准备晚饭，便嘟嘟囔囔："一天到晚在家，又不用出去工作，连顿饭都不做！"又或者妻子为了照顾孩子而换了一份薪水很少的简单工作，结果被丈夫鄙视说："你做这个工作还不如留家里看孩子，浪费时间又挣不了钱！"丈夫的这两种做法就是明显对妻子付出的劳动以及妻子的自我追求的不尊重。

一位先生曾经说："我不会做出她不同意的决定，这对她很不尊重。我们会不断地深入交谈，直到我们两个人都同意，然后再做决定。"高情商的丈夫，会愿意并主动接受妻子的影响，努力寻求一个夫妻双方都能接受的解决之道。在接受影响后，还愿意主动让步。

提到让步，有一个普遍存在的"马桶盖问题"：丈夫便后没有把马桶盖盖上，虽然妻子只需要1秒钟就可以盖上，但她的反应一般都是火冒三丈，劈头盖脸说丈夫一顿。实质上，不盖马桶盖这个行为是男权意识的表现之一，它代表丈夫有这个权力不做类似的事情。应该怎么解决这个问题呢？丈夫只需要一个动作，即把马桶盖盖上就万事大吉了。这样一个简单的动作，其实就能表明丈夫对妻子做出了妥协。

遇到冲突时，关键是愿意妥协。找到妻子的要求中能妥协和接受的部分，这样冲突就能解决。这样的妥协往往只是一个简简单单的行为或者动作。

假如一个男人愿意接受妻子影响，二人的婚姻会更幸福；反之，婚姻很可能草草收场。因为越是认真听对方说话，好好考虑对方的观点、意见，也就越可能找到一个合适的解决问题的方法。

第三课 婚姻幸福而长久，几个屡试不爽的绝招

幸福美满的婚姻并不是偶然就得来的。为了维持好这份关系，使之和谐运行，夫妻双方需要多付出一些精力，除了合力去解决已经出现的和可能出现的各种矛盾、冲突，还要想更多办法促进婚姻的健康成长。亲密关系的问题看似复杂，但是当了解了婚姻的本质之后，你就会明白，其实很多问题不是不能解决，而只是你不想解决。很多促进婚姻的方式不是你想不到，而是你已经意识到了却没想到去采取任何行动。

本课我们将教大家三个较为科学的方法，来提升你的婚姻质量，让你的婚姻既幸福又长久。

一、接受生活的琐碎，学会和问题一起生活

随着婚姻的深入，夫妻双方的矛盾必然会越来越多。夫妻两人会因为各种各样的事而陷入争吵、冷战等状态，比如，无法容忍对方的生活习惯、消费观念，还有日常生活中优先秩序的安排，等等。虽然在外人看来都是一些生活琐事，互相谦让一下就什么问题都没了。但对深陷其中、互不让步的夫妻双方来说，这些小问题简直就是竖在两人中间的铜墙铁壁。很多夫妻面对这些日积月累的问题，越来越无法忍受，会选择冷处理，甚至对婚姻失去耐心，最终借口感情不和而离婚。根据最高人民法院发布的《司法大数据专题报告之离婚纠纷》，2017年全国离婚纠纷案中，77.51％的夫妻因为"感情不和"离婚。

其实，我们很多人对婚姻中的冲突有一定的误解。我们总是想要充满爱意的婚姻生活，哪怕时间久了爱情变成了亲情，那只要平平淡淡，没有什么

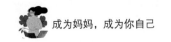

风浪也好。就像人们常说的："平平淡淡的婚姻才最幸福。"但真的是这样吗？

有这样一位女性朋友，夫妻二人结婚后从来没有吵过架，甚至没有一次意见不合的时候，二人平平淡淡地过着每天的日子。丈夫长期出差，他们也不会觉得特别想念对方，只是偶尔觉得需要打个电话、开个视频。问她对婚姻有什么期待，她说不出什么所以然：没有吵架的冲动，也没有离别的相思，只是一起过日子罢了。你会羡慕他们平平淡淡的婚姻吗？

我想你的答案是否定的吧。虽然没有冲突和痛苦，但生活的激情也随之消失，我想我们大部分人还是会选择远离这种婚姻。你可能会想：有冲突没关系啊，我们把婚姻中的所有冲突都解决掉，不就可以了吗？然而，事情并不像我们所想的这样，有句话是这么说的："如果你选择了一位长期的生活伴侣，那么你不可避地就会同一堆问题斗上10年、20年甚至50年。"约翰·戈特曼在对婚姻关系长达40年的研究中，也得出这样的一个结论：在婚姻中出现的绝大部分问题都是无法解决的。

每个人都是不完美的，各有各的优点和缺点，凑在一起的两个人面对的是日益平淡、琐碎的家常生活。因此，我们要理解，琐碎不堪才是生活的常态，要学会和问题一起生活。婚姻，就像是夫妻两人并肩打怪兽，怪兽有从外界出现的，也有从对方身上出现的，二人或者你帮我打，或者我帮你打，又或者共同对抗外界的怪兽。当遇到难以打倒的怪兽时，有的夫妻选择逃避和退出，有的夫妻选择继续奋战并乐在其中。寻找矛盾冲突的解决途径时，聪明的夫妻不会消耗掉彼此的耐心，反而会你退一步，我让一步，感情进一步加深，越发理解了对方，这也正是一起生活的意义所在。有句话说得好：好夫妻，不是一辈子不吵架，而是吵架了还能一辈子！

二、互相欣赏，懂得赞美对方

佛教中有一个说法：上等的夫妻关系是互相欣赏，中等的夫妻关系是互相理解，下等的夫妻关系是互相包容。

实际上，夫妻间有了冲突，很多问题肯定都能找到解决办法。所以，虽然有越来越多的离婚现象，但真的不代表家庭矛盾无法调和，而是因为夫妻间越来越没有耐心接受对方的缺点和不足，只想省时省力地让对方改变，适应自己。如果两个人都这么想，已经出现裂缝的婚姻自然不会出现任何转机，甚至愈来愈恶化。为什么朝夕相处的人突然间就变得让自己无法接受了呢？其原因在于，夫妻两人在内心当中没有给彼此留有一块位置，也没有在对方心中留下值得提起的优点。

如果夫妻间互相欣赏，那么即使两人有意见不一致的时候，也不会那么容易地就讨厌对方、鄙视对方。想想看，你喜欢和珍惜的东西，你舍得随意就丢掉吗？同样，你欣赏的人，你会那么轻易就把对方看得一无是处吗？我们在前面讲过，人们只有感到自己被别人喜欢和接受时，才会听进去别人的话，或者改变自己的行为。比如，你的丈夫性格脾气好、聪明上进，你发自内心地欣赏你丈夫的这些优点，那么即使他有其他缺点，你也是可以权衡一下后接受的。

除了善于发现伴侣的优点，懂得欣赏对方，你还要懂得表达出来，适时地赞美对方。

根据约翰·戈特曼的研究发现，能长期维持幸福婚姻的夫妻，有一条特质——拥有强大的喜爱和赞美系统。为什么会这样呢？因为，无论是谁，都是希望获得别人的喜欢和赞美的，从赞美中，我们可以获得一种满足感，反过来也会更加重视对方的感受和需要。

可能生活的琐碎，让夫妻几乎只能看到对方身上无法忍受的缺点，然而很多时候不经意的一句话就能消除掉大部分的不快。比如，丈夫一句："感谢有你，我的好媳妇儿，谢谢你为咱们家付出这么多。"妻子回一句："老公，嫁给你我觉得特别幸福。"两人的关系在不知不觉间就升温了，更亲近了。会互相赞美，其实是会给婚姻带来很多乐趣的。可能你会说：都老夫老妻了，说这些话也太肉麻了吧！其实你忽略了维持和谐夫妻关系很重要的一点：要学会表达感情，让对方知道你理解他，你在关注着他，你会心疼他，你是一直和他站在一起的。夫妻作为彼此一生最亲近的人，需要用心去对待彼此，要学会疼爱对方。两个人共同去努力，为婚姻付出，这样的婚姻才会

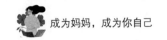

越过越幸福。

三、幸福而聪明的夫妻，会做彼此的朋友

所谓做彼此的朋友，就是说，夫妻两人站在一起，互相支持，可以敞开心扉谈论问题，而且彼此都能给对方强烈的安全感。无论对方表达什么，都能以欣赏的态度倾听，或者至少不会敷衍；无论对方此刻的情绪有多么不好，都能耐心地倾听、诚挚地接受。听上去，这似乎很难做到。因为夫妻间有了矛盾，每一方都想让对方给自己台阶下，向对方妥协简直是一件比登天还难的事情。然而，事在人为，下面几个方法可以帮你们培养出友谊之花，唤醒你们心中雪藏的那份友情。因为这份友情，是婚姻的常青树。

首先，面对问题时，多多给对方表达自己的机会。很多夫妻一遇到问题就变成"斗士"，总是急于发表自己的意见，总想反驳，驳倒对方，让对方好好听自己的话，却丝毫听不进去对方在讲什么。解决办法很简单，那就是懂得适可而止，让双方有机会自由表达自己的需求或意见。这其实是在向对方传递这样的信息：你能迁就他。这一点很重要，互相迁就之后，双方都能畅所欲言、舒其所感。有了这个基础，双方才能建立起友情，然后承认、包容、接纳以至欣赏彼此的差异，从容面对更多的矛盾与冲突。

其次，多花时间单独陪伴彼此。我们几乎都是这样：在结婚前、恋爱时，总是希望能有更多的时间陪伴彼此，以期增进感情；然而，有了孩子之后，家务事越来越多，生活压力越来越大，工作越来越繁忙，每对夫妻都在应付各自的一摊事儿，二人独自相处的时间越来越少，即使单独相处，谈论的也是家庭的各种事项——房贷车贷、赡养父母、孩子教育，等等。我们现在要做的，就是暂时放下肩上的负担，一起去公园散散步、健健身，一起去餐厅、咖啡馆享受美食、谈心，一起去看个电影，一起赴外地旅游……总之，刻意地多创造一些单独相处的机会，为彼此间的友情做投资。

最后，经常像朋友一样交流谈心。多创造机会交流谈心，倾吐自己的心事。夫妻间真诚而专心地倾听对方，多一些关心和支持，不一定非要抱着解决问题的目的。可以想象，在婚姻中，夫妻二人共同营造了一个轻松的环境，一个说，一个听，就像朋友一样，这也就是我们能给彼此最好的支持和爱。

正如杨澜曾经说过的：婚姻的纽带，不是孩子，不是金钱，而是关于精神的共同成长，那是一种伙伴的关系。在最无助和软弱的时候，有他（她）托起你的下巴，扳直你的脊梁，令你坚强，并陪伴你左右，共同承受命运。那时候，你们之间除了爱，还有肝胆相照的义气，不离不弃的默契，共同孕育的成长，以及铭心刻骨的恩情。

第四章

做好风险管理，筑牢财务防线

1 第一节　学理财，做好家庭财务风险管理

第一课　家庭财务整体配置的最佳方式

这一课希望能将保险规划的专业内容纳入学习中，教给大家风险管理知识，以及选购保险的实务操作。

本课将从整体到局部、从原理讲解到实际运用，为大家详细阐述如何配置保险，以及为什么要这样配置。保险，作为财务配置的基础环节，不能独立来说明，我们需要首先了解以家庭为单位，从整体的角度如何进行资产配置。

一、认识标准普尔图

说到家庭整体的资产配置，我们绕不开下面这张图（图4-1）。

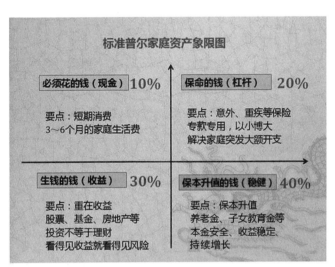

图4-1　标准普尔图

有多少人了解过这张图呢？

标准普尔家庭资产象限图简称"标准普尔图"。由1860年创立的世界权威金融分析机构美国标准普尔公司，在调研了全球十万个资产稳健增长的家庭资产配置方式后，分析总结出了这张家庭资产配置分布图，用今天的行话来说就是通过大数据分析得来的。所以，标准普尔图不是来自哪家保险公司的数据，而是取自当时被认为更为合理、稳健的家庭资产配置比例。

接下来将为大家详细分析一下这张图。标准普尔图将家庭资产分成了四个账户，这四个账户作用不同，资产额度配比和投资渠道也各有不同。这样分的目的只有一个，通过固定合理的比例进行资产配置，达到家庭资产长期、稳健、可持续地增长。这也正是我们大家都希望的。

第一象限是短期流通账户，也就是当下的开销和花费。比如说日常生活、买衣服、美容、旅游等都是从这个账户中支出。这个账户每个人都有，但是很容易出现占比过高的问题。比如有一类"月光族"，现在还有比较多的"月透族"，刷卡生活的日子很潇洒，但也正是因为开销过多而没有钱去配置其他账户。这个账户一般采用的金融工具是银行存款，作用是应急流通。科学规划建议占比为10%，准备好3～6个月的生活费，从容应对生活的日常开支。

第二象限是杠杆账户，就是家庭风险保障账户。这个账户主要是用于应对自己或家人发生意外、重疾风险时的费用。这个账户的资金平时是用不到的，但是关键时刻，只有它才能保障我们不会为了急用钱而卖车卖房、将股票低价套现，甚至到处借钱。如果万一需要急用，你能不能向身边的人借到钱？能向几个人借到？能借到多少钱？我们换位思考一下，如果身边的至亲好友需要你伸手，我相信大家会帮忙，但你能帮多少忙呢？所以，每个人负责配置好自己这个账户的资金很有必要，因为靠人不如靠自己。

第三象限是投资账户，这个账户是几乎所有人都非常喜欢也津津乐道的账户，其主要目的是保障收益。比如，股票、基金、房产等都属于这个账户，占比30%左右比较合理。之所以要合理占比，就是保证我们赚得起也亏得起，无论亏损多少，对家庭都不能有致命性的打击，不能影响未来的孩子教育和赡养老人，不影响自己未来的生活，也不折损家庭的抗风险能力。这个账户具有短期性和波动性。

第四象限的账户重在安全稳健，保值升值的钱放这个账户，主要用于未来子女教育、养老金规划，也就是未来10年、20年甚至30年以后我们一定会用到的资金。这个账户的占比为40%左右，必须保证投入的资金不受损失，能抵御通胀，收益不一定高，但需要长期稳定。这个账户有几个要点大家要注意：首先，不能随意取出使用，不然很可能中途因为买车、换房等其他原因而用掉；其次，需要每年或每月有固定的钱进入这个账户，要的就是积少成多；最后，这个账户能有效将家庭资产和企业资产隔离，并受法律保护。

家庭资产象限图的关键点是平衡，当我们发现我们没有准备抗风险的钱或者养老的钱的时候，这就说明我们的资产配置是不平衡、不科学的。这个时候就要想一想了：是自己花太多了，花钱的速度大于赚钱的速度，还是自己将资产过多地投入了股市、房市呢？

二、如何平衡消费与投资？

简单来看，标准普尔图的第一、三象限，其分别对应的消费与投资账户，我们并不陌生。

第一象限里是供流动应急的资金，原则是够就可以，一般以银行的存款为主。为什么说是存款为主，因为比较容易周转。特别说明一下，银行理财不属于这个象限，一般理财产品有约定的赎回期，时间没到取不出来。这个象限的资金不宜少也不宜多，准备少了，起不到应急功能，这很好理解。为什么准备多了也不好呢？因为过多的资金压在第一象限，应急能力很充分，但是银行的流通性好决定了这个渠道的资金获利水平低，这样若干年后我们的货币购买力会下降，也就是我们说的抵御通胀的能力弱。

那么我们再来看第三象限。这个象限的目的就只有一个：收益。收益伴随着对应的风险，低收益低风险，高收益必伴有高风险。银行理财产品、保险理财产品、银行基金定投一般属于低风险渠道，证券、房产、金融衍生产

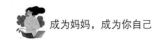

品等属于中风险，期货属于高风险。2006年的时候有几句话很流行，如"你不理财，财不理你""鸡蛋不要放在一个篮子里"，意思就是合理规划投资渠道。那应该怎么选呢？对此，建议大家结合四个要素来判断。

第一，自身的风险喜好。你是属于保守型还是冒险型？如果可以承担一定风险，那你可以接受亏损的比例是多少？

第二，关注度，也就是你在这件事上投入的时间。比如你喜欢证券，但是受工作岗位所限，没有时间看盘和钻研，这势必会影响你的判断和收益。如此一来，就不太适合进入或者说不适合过多资金的进入。

第三，自身已有的知识体系。选择低风险、中风险、高风险的各个金融渠道，都需要储备相对应的知识。例如：低风险渠道以理财产品为主，比如说银行有60天、90天、180天的产品，还有保险公司的非保障类的产品，一般能够看明白、看懂合同上的白纸黑字就可以。而对于古玩、字画等衍生产品，如果没有一定的知识储备，就不太适合大笔进入。

第四，了解政策导向。如果不太了解这方面的信息，那么涉足房地产投资、证券投资就需要谨慎再谨慎了。合理配置，能赚也要能接受亏损，毕竟全球就只有一个巴菲特。如果处在经济大环境下行的情况下，这个账户不亏损就是赚。

三、保险在家庭财务规划中的功用

和保险相关的象限是哪个呢？其实是两个，第二象限和第四象限均需要通过保险来配置。我们经常会听到几个声音，比如"我们家保险买很多了，不需要了"。但当我们整理保单档案时才发现，很多保费是堆积在第四象限，也就是保险理财产品居多。这个时候如果家庭遇到风险，例如家人住院或生了大病，发现保单理赔不了，第二个声音就开始出来了："你看，我保险交这么多，生病了才赔这么一点点，保险有什么用啊？"然后在亲友圈掀起了一池涟漪。

当然，我们不排除一些业务员的销售误导，但更多家庭是因为不了解保险在家庭财务规划中的功能和作用，因为不了解，在配置时自然会有出入，

在应对时没有针对性，自然就没用了。

第二象限的资金安排其实很早之前就出现在我们父母的嘱咐里。我们刚踏入社会开始有自己收入的那一刻，爸爸妈妈说得最多的话是什么？是不是"省着点花，以防万一"？父母口中的"以防万一"包含什么？未来要花的钱？没错。未来要花什么钱？子女教育、养老、生病、意外……看，这里不就有了为生病、意外上保险的需要了吗？只是我们的父母接触保险时是行业初始阶段，有些人甚至并不知道有保险这件事，或者说不知道保险是什么，当时还闹过笑话，以为是卖"保险柜"。

父母并不是不需要保险，在那个年代很少有人知道，原来有这样一个金融渠道可以应对风险。发生重疾、意外时需要治疗金，带来的收入损失会影响家庭责任的承担，比如房贷、子女教育、父母养老。如果需要一笔钱应对，我们需要多少钱？假如是100万，需要存多久？如果风险事件发生在储备不足的情况下，我们自己和家人需要面临什么？假如把家庭顶梁柱比喻成印钞机，印钞机正常运作，我们的房贷、子女教育、父母养老，都有保障。但是如果印钞机出故障了，小修、大修，甚至是报废，我们该如何承担家庭责任呢？

总体来说，给大家介绍标准普尔图的最终目的是希望大家能够了解，家庭财务规划需要站在一定的整体高度来考虑，脱离整体单一地考虑怎么买房子、怎么买股票、怎么买保险都是不合适的。我们每一个人都很努力，都想遇见更好的自己，这没错，但最终目的又是什么？为了有更好的前途、更好的生活品质，努力赚钱为孩子争取一个更好的教育平台，为父母健康，等等。是的，这才是我们的方向。努力赚钱不只是为了银行卡上多一个零，也是为了给家人一份美好的生活。打理好我们自己和我们的财务，就是给家庭添了一道安全防线，难道不是吗？

有人可能会问了："这个比例不对哦，哪有计算得那么精准的？不现实。"从大数据的角度看，这样的配置是科学的，但是因为取样来自美国中产家庭，而东方、西方的文化不同，中国和美国的民众在财务配置的角度上也会有相差。例如，中国人信守传统的家文化，到哪里都想要有自己的房

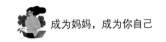

子，所以中国人特别热衷于置业。

在接触保险业之前，中国家庭大部分的资金进入了房地产业，标准普尔图的比例分割对于高房贷压力的家庭来说相当吃力。所以，这里要说明，根据可支配资产比例要有所调整。另外，家庭结构、所处的生命周期不一样，资产的配置重点也需要调整。大数据只是参考，财务规划还是需要根据每个家庭的实际经济情况、生活品质需求，有计划、有主次地进行。

在建立起整体概念之后，我们就可以进入下面的内容。

第二课　关于生病这件事：社保医疗知多少

今天这节课重点解读第二象限杠杆账户以及实际操作。我们首先来聊聊大家特别关注的话题——生病这件事。在开始今天这节课内容之前，大家先一起来回顾2018年2月一件影响力特别大的事件。

一、《流感下的北京中年》

记得2018年的春节正巧遇上情人节，那一年露露老师特别提前请了4天假，带着家人一起出国度假过年。为什么记得这么清晰？因为2月10日开始她就陆续收到朋友的私信，都是关于ICU医疗的链接，然后跟上一句："露露，你们公司有没有针对这种事件的保险？"她当时都是婉言告知自己在国外陪家人，什么时候回杭州，晚一点时间研究一下。但事实是她没有勇气打开链接。大家可能很好奇，一个专业且资深的保险从业人员，赔过大案，经常接触"人间悲苦"的新闻，为什么会没有勇气打开链接呢？因为，那个时候职业敏感度告诉她，这条新闻可能不那么令人欢快。

保险从业人员也是平常人，喜欢阳光的、快乐的事情，大过年的，陪着一家子度假的她，当时是有点拒绝这样的热点的。大家知道吗，最终让她打开链接从头到尾看，是因为陆陆续续有人发消息给她，说这次新闻闹得有点大了。可能说到这里，大家回忆起来了，就是传遍微信朋友圈的那篇《流感下的北京中年》。一个年薪100万的高级白领，一个有着事业编制的老干部，在面对流感这样算不上重疾的"普通"疾病的时候，竟然也会沦落到清点家庭资产、股票、基金，甚至是房产套现的境地。不免有人要问了：不是高收入人群吗？老爷子不是有编制吗？怎么会这么无助？是的，不幸就是这么降临了。

今天我们就是要好好来梳理一下社会医疗保险到底涵盖哪些方面，哪些方面是盲点。就像案例中的主人公，网络的文章资料显示，老爷子在天津享受事业编制，临近过年老两口到北京的女儿、女婿家小住。这里要说明的第一点是：异地。当事人在异地，所有的社会医疗保险不再享受，或者说需要事先申请，调配比例后方可享受，但在当时的突发情况下，家人应该是没有时间申请的。第二点，案例中我们不难发现，紧急抢救的过程中用到了丙类药，这是不在医保药品目录中的，不作为社会医疗保险报销的药品。同时，当时用的医疗器械也不在医保的报销范围内。

文章一出，大家都被那台神奇的呼吸机吸引了，为什么？因为费用贵！开机费6万元，每天的使用费用是2万元，使用10天就是20万元，连续40天就是80万元。这仅仅只是一台呼吸机的费用，而且还不知道要用多久。问题来了，按照年龄推算，女儿、女婿应属于典型80后，试问有多少80后会将过百万元的现金存放在银行用来应急流通？恐怕很少。高收入的80后群体通常会将绝大多数资金分散在各种投资渠道，例如案例中提到的证券、基金、房产等。这样，就能解释为什么高收入人群在面临一场流感时会沦落到资产盘点的境地。结合到上一课的内容，即使预留了流动资金，没有配置杠杆账户，遇到这样的事情时应急能力也就相对较弱。另外，这对中年夫妻上有老下有小，势必会需要专人照顾病人，这个情况也一定程度影响到两夫妻的收入。

二、社会医疗保险的基础作用

今天，我们透过《流感下的北京中年》的案例来重新认识一下当下的社会医疗保险。这几年社会医疗保险的发展还是很迅速的。社会医疗保险主要解决的是基础医疗门诊的费用以及基础费用结算的便捷性问题，比如在杭州，一张市民卡就可以直接在医院看病结算，这两年还增加了部分重大疾病

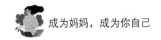

的二次报销。从这几年的全国人大会议看，解决看病难、看病贵的问题都有提上议程，相信在政府的推动下，医保体系会逐渐改善。

就目前而言，社保报销可用图4-2中的V形图来描述。

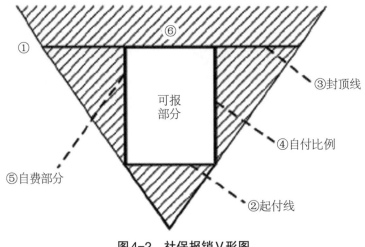

图4-2　社保报销V形图

住院有起付线，起付线以下自然需要我们自己承担，起付线以上的部分也并不是都可以报销，因为社保还规定了一条封顶线。杭州是36万元（2006年，杭州封顶线是18万元），封顶线以上部分需要自己负担。起付线以上、封顶线以下，不同等级的医院有不同的自费比例，加上自费的药物、医疗设备、医疗服务项目等，这笔庞大的医疗费用仅靠社会医疗保险是远远不够的，随着医疗费用的增加，这个缺口会越来越大。

另外，一般涉及住院，我们的医疗费用多采用报销形式，即需要我们先自行缴纳一定费用，待治疗结束后才能进入社保报销系统，而这一点就难住了很多家庭，尤其是只有社保一项保障的家庭。试想一下，会有多少家庭放着百万的存款在银行？这里强调的是存款，不是银行理财收益。我相信肯定有，但绝大多数没有。因为即使年入百万的家庭也不会在银行放着这么一笔流通的现钱，通常可能在理财、股市，或者用于投资房产、项目，处理调度需要一定的时间，而病人能否等得起这个时间？

社会医疗保险使用上还受地域限制，跨省一般也会需要全额自费，治疗结束再到当地根据政策结算。试想，如果遇到重大疾病，我们一般会选择什么样的医院？通常会考虑到北京、上海、广州等大城市知名医院，那么势必需要先准备一笔大额的现金。这又回到了第一笔应对疾病风险的费用储备问题，社会医疗保险自然是没有办法解决这个问题的。在我从业的13年里，也有很多朋友交流时流露出一些过分的自信，以为社会医疗保险什么都报。事实是社会医疗保险报销并不涵盖所有的病种，比如器官移植、第三者导致的意外伤害等。

这里有一个非常骇人听闻的真实案例，是2014年发生在杭州市东坡路庆春路口的7路公交车纵火事件。此事件中的伤者烧伤程度基本在三级，属于重大疾病范畴（这里纠正一个误区，重大疾病不只包括自身原因导致的疾病，也包括由意外原因引起的疾病）。

当时了解到，医院开出的是自费单。这里说明一下，社会医疗保险中，对于第三方导致意外事故的人身伤害产生的费用是不在保险责任范围之内的。这个案件中，当时案件的纵火者生存，按照规定，他需要负全部责任。有人说：不是还有公交公司吗？作为企业单位也需要负责。但这里的追述、赔偿环节就比较复杂，并且还有时间成本，而意外致重疾的受害者又需要马上接受救治。

那么问题又来了，对于生死线抢救回来的人，接下来长期的康复费用，以及康复期间不能继续工作的收入损失，该怎么补偿？这些费用不在我们的社会医疗保险保障中，那么谁来负责？如果伤者还在还贷期，银行会不会根据这个情况减免贷款？显然是不可能的，贷款还是需要我们自己还。

今天我们详细分析了社会医疗保险的责任范围，以及不能涵盖的项目。聊到这里我很担心，希望大家不要有"既然社保那么多不能满足，那就不要了"这样的想法。这里不是说社保不好，而是让更多人了解，社会医疗保险的好处体现在保障基础医疗的费用，不是所有疾病都是大病，都需要住院治疗，一般门诊有社保和没社保的区别还是很明显的。只是说如果遇到大病，仅有社保远远不够，配置商业医疗保险有必要。

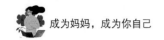

三、社保＋商保＝生活更美好

那么商业医疗保险解决什么问题呢？一般的门诊费用吗？当然不是。

对应着看，第一，商业医疗保险的理赔形式相对及时，重大疾病凭医院确诊单就可以进行理赔。这两年，一些保险公司更是增加了直付型的医疗保险，也就是说在指定医院可以直接由保险公司和医院对接治疗费用，开启绿通医疗服务，例如，专家预约门诊、专家预约会诊等，让客户免于处理患病时的复杂事宜，真正享受便利。另外，很多公司开启了在线理赔渠道，如太平洋保险公司，简单的疾病、意外，一般从上传资料报案到理赔金到账，快的只需2小时，2018年平均理赔时效为1.33天，2019年7月最新公布平均理赔实效为1.3天。

第二，商业医疗保险涵盖了社保不报销的费用，比如丙类药、自费的医疗服务和器械之类。

第三，商业保险全国通赔，有专家二诊、医院对接，如选择境外医疗保险，还可以提供签证、交通、住宿等服务，非常方便。

一般来说，商业医疗保险和社会医疗保险结合后，基本可以覆盖全部治疗费用。此外，我们的收入损失和康复费用怎么解决呢？请看下文。

第三课　被低估的重大疾病

有不少朋友会问：我们现在的住院医疗保险既涵盖丙类的费用，保障额度又高，保费又便宜，直接买个医疗险不就可以了吗？为什么还需要配置重疾险呢？在下文中，我将换一个角度告诉大家配置重疾险的必要性。

一、回顾住院医疗保险的作用

首先，我们来回顾一下住院医疗保险的作用。我们这里说的医疗保险，一般是指个人投保，住院起付的商业保险，是在社保报销以及单位福利报销后还有剩余的费用报销。目前基本上每家寿险公司都有这样的产品，支付宝上也有。这里要穿插说明一点：支付宝上的相互保不是医疗保险，不在此范围内。

像这样一类涵盖丙类费用报销、保障额度又高的产品，目前市场上基本有两种形式：一种是没有免赔额的，一种是有免赔额的。什么是免赔额？免赔额字面意思就是不赔的额度，也就是需要我们自己承担的额度。第一种没有免赔额的，就是只要住院，社保报销剩余的、在合同条款范围内的费用，保险公司直接报销。举个例子：客户A肺炎住院花了10000元，社保报销剩余6000元，保险公司核定在责任范围内的直接进行赔付。第二种有免赔额的，就是社保报销剩余之后，我们还需要自己承担一部分的费用，再进入保险理赔流程，一般这样的免赔额是5000～10000元。如果还是那个客户A，社保报销剩余6000元，那保险公司就不做赔付了。

二、商业医疗保险的特点

可能你会问：那是不是没有免赔额的比较好呢？答案当然是否定的。保险公司设计产品，是为了满足不同客户的需求，每一款产品的设计都有针对性，就像医院药房里的药，感冒药都会针对鼻塞、打喷嚏、发热等症状而有所不同。第一种没有免赔额的住院医疗保险，保费相对高于有免赔额的住院医疗保险，保额则低于有免赔额的。这个比较好理解，因为住院就可以进行理赔，发生率高，保费自然就相对高一些。这类产品到第二年不一定能续保，需要根据上一年度的理赔记录重新核定是否符合投保要求，如果不符合投保要求，保险公司可以拒绝承保。

如果我们的客户商业保险中仅有这一份，那未来发生疾病理赔后就会有失去保险保障的风险。这样的产品一般推荐新生儿和幼儿购买，因为这个年龄阶段的宝贝自身免疫力还未完全形成，外界的各种影响都有可能引起疾病，住院的频率较成年人高。

第二种有免赔额的住院医疗保险，这样的保险产品保费较低，保险保障额度较高，目前市场上的保险额度为200万～800万元不等。这类保险产品一般不是为了解决基础医疗费用存在的，主要是因为重大疾病医疗费用存在缺口，疾病越严重，我们社会医疗保险的缺口越大。不论是多大的免赔费用

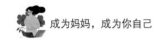

额，我们自己承担的费用是有一个明确的上限的，比如10000元，对于没有住院医疗保险而仅有社会医疗保险状态下的风险管控而言要强很多倍。

这类保险一般只要在投保初期通过健康审核，后期在售卖的情况下都保证续保就可以。什么意思？如果是患了重大疾病，比如癌症，这一年理赔过了，第二年还可以继续投保吗？答案是：可以！不过需要注意的是，不是每一家有免赔额的住院医疗保险公司都可以保证续保，在选购时还是需要仔细阅读保险合同条款，确定保险责任和权益再进行投保。

不论是哪家公司的产品，这类住院医疗保险还有一些共同的特点。

第一，消费型产品，即缴费后不论有没有发生理赔，所缴的保费都不会返还。

第二，自然费率。因为是一年一缴，所以保费不是恒定不变的，根据年限对应保费，有些公司是以1年为限，有些公司是以5年为限。简单点说，就是住院医疗保险的保费是逐年上涨的，每家公司根据自己公司的偿付实力，上涨幅度不一样。

第三，住院医疗保险的核保规则较严格，对于投保人当时的身体状况有要求，体检或者过往病史中如有"不良记录"，比较容易被特约承保，要么"除外责任"，要么"延期承保"。举两个例子大家就明白了，比如：当下人们患甲状腺结节较为常见，一般投保人告知承保方自己患有甲状腺结节，通常的核保结果是甲状腺及其引起的并发症不在保险范围内，这个就是"除外责任"。投保人同样患有甲状腺结节，但是刚刚检查出来的，这个时候保险公司的核保一般会要求再观察6个月，等到相隔至少6个月的第二份复查报告出来，根据两份报告单显示的结节的大小来判断生长速度，再出具核保意见和结论，这个就是"延期承保"。

第四，目前亚健康的人群占比很大，从2015年开始，每年转人工核保的案子越来越多。尤其是70后、80后，人到中年，我们的体检报告一般都不太好看，这也就加大了投保的难度，所以，要趁健康的时候尽早投保。

第四点尤其要注意，这类产品更新的频率相对高。由于前三点的特点决定了这类保险产品需要根据公司的偿付实力而实时调整（调整保障额度、调整保障范围、调整保费、调整核保规则）所以在选购这类产品的时候建议挑选偿付实力较强的公司。

三、住院医疗保险不解决的问题

之前我们说过，社会医疗保险主要解决基础医疗费用问题，并不能覆盖全部的保险范围，商业住院医疗保险也有不解决的问题。接下来我们就一起来梳理一下，哪些项目不在此类保险产品的责任范围之内。下面将以一款住院医疗保险来做举例说明。

以35～40岁的年龄为例，这款住院医疗保险每年保费是541元，拥有住院医疗保险金一年最高限额600万，含丙类费用。除了住院期间的费用之外，还增加了住院前7天和后30天的门诊费用，恶性肿瘤放化疗的门诊费用。其中，条款列明的100种重大疾病保险额度一年最高限额300万（无免赔）、条款列明的50种特定疾病保险额度200万，条款列明的以上150种疾病以外的一般住院保险额度一年限额100万，对于一般住院医疗和50种特定疾病住院医疗责任共计一个免赔额，每年免赔1万元。

保险期内对于二级及以上级别的公立医院发生的条款范围内的费用予以赔付，其中对于指定医院可享受医疗绿通服务，除了专家预约等服务外，最主要的是提供垫付服务，就是指在指定医院住院的话，由保险公司和医院直接进行结算，这大大缓解了患病时面对的复杂流程，并有效及时地解决了第一笔资金问题。这样一款保费低、保障高、服务品质又高的产品，很大程度上带动了中国保险业的产品革新。但是就像之前课程所说明的，和医院的药品一样，每款产品设计的重点、针对解决的问题不同，不能妄想这款产品能达到"万能药"的效果。

第一，保险责任除了免责条款以外，合同列明了一些不在保险责任范围之内的费用。例如：药品费中不包括具有营养滋补作用的中草药，如野山参、冬虫夏草、灵芝等，不包括可以入药的动物及动物器脏，比如燕窝、鹿茸、胎盘、海马等，以及美容减肥药。条款列明的还有一些特殊医用材料费不在保障范围内，包括心脏瓣膜、人工晶体、人工关节之外的其他人工器官材料费、安装和置换等费用，各种康复治疗器械、假体、义肢、自用的按摩保健和治疗用品，以及所有非处方医疗器械。特殊医用材料的费用不在社保范围内，也不在商业住院医疗范围内，而且这笔费用又相对较高，选择自己承担还是保险公司承担呢？这里就需要重大疾病保险的保险金来负责和弥补。

第二，虽然这款保险带来了"产品+服务"的全新产品设计理念，增加了医疗绿通服务，尤其是医疗费垫付服务，同时，开通垫付服务的医院会随着公司的发展而有所增加，但目前的指定医院并不是全国覆盖，也就是说在全国1700家以外的医院，我们还是采用和社会医疗保险一样的报销形式，先自行垫付医疗费用，待治疗结束后将理赔相关的单据交由保险公司结算。现在很多人会选择小众路线旅游，有没有这样一种可能，旅游过程中突发意外状况或者突发疾病，救治的原则是"就近"，而就近医院不在我们指定医院责任范围之内，患者在病情比较严重的情况下无法转院。结合我们之前课程学过的社保医疗，此时所有的费用是不是需要自行全额承担？如果有一笔费用直接到账，缓解医疗压力会不会更好？但显然仅凭这款保险是不够的。

第三，商业住院医疗保险赔付的条件是住院，涵盖了住院期间发生的条款内的费用，那么在家或者在机构康复或疗养的费用在不在赔付范围之内呢？合同条款列明：指定医疗机构不包括疗养院、护理院、康复中心、精神心理治疗中心以及无相应医护人员或设备的二级或二级以上的联合医院或联合病房。由此看来，在家或医疗机构的花费并不在赔付范围之内，这笔费用同样也不在社保医疗的保障范围之内。而事实上，根据前几节课的内容，罹患重大疾病除了在治疗期间的费用以外，更多的费用是康养期间的营养费、康复费、照料费、误工费以及收入损失费。大家来看这张冰山图（图4-3）。

图4-3　重大疾病治疗费用冰山图

四、配置重大疾病保险的必要性

重大疾病的保险金设计的原理并不是看得见的冰山那一角，即治疗所花费的钱，真正存在的意义是弥补冰山下不可预知的潜在损失，也就是家庭经济的负担，比如出院后的疗养费用、动用存款变卖资产的损失、收入损失等。

结合上文罗列的商业住院医疗保险的特点和免责情况，以及不解决的问题，你是不是已经明白在购买了商业住院医疗保险之后，还需要配置重大疾病保险的必要性了？

第一，重大疾病保险的理赔条件就是凭确诊单给付，涵盖重大疾病和轻症，很多公司采用了线上理赔报案，大大简化了理赔流程以及加快了理赔的进度。重大疾病保险金很大程度上起到了应急的作用，就像第一节课讲到标准普尔图时提到的，许多现代家庭选用的资金配置方式很有局限性，资金调度和处理需要时间，而重大疾病保险的保险金是合同约定的，符合即给付，

确定而及时。这在很大程度上加速了获取医疗资源的时间，不耽误最佳治疗期。

第二，社保、单位福利、商业住院医疗保险的保险责任都没有覆盖特殊医用材料的费用，而这些被免责的特殊材料费用相对昂贵，例如器官，一般为30万～50万元不等，对应的疾病类型基本属于重大疾病范畴，如果配置了重大疾病保险，那么重疾的理赔金可以适当弥补这类费用的支出，而无须自行承担或者至少可以少承担。但如果没有配置，那无疑就需要自己全部承担了。

第三，社保、单位福利、商业住院医疗保险的保险责任基本只是针对医院内发生的治疗费用，相对长期的康复期间所产生的营养费、康复费、照料费、误工费，以及收入损失费，是不保障的。

如果发生疾病，休息几年的这个问题完全看重疾的保障额度。那么保障额度的设计就不能是简单覆盖治疗、简单和身边朋友对比，而是要根据自己家庭的实际情况量身定制。最为简单的计算方式是：覆盖3～5年的收入。

当然，以上说的是最为简单的方式，根据每个家庭的实际可支配资金、家庭成员的年龄和身体健康状况，设计的保障额度和费用也会不一样，甚至会根据实际情况，有针对地加大某一阶段的保障额度，或者加高某一高发疾病的保障额度，比如心脑血管疾病。目前中国实际死亡率排第一的是心脑血管疾病，而这类疾病大多数的治疗是在家里或者康复中心，康复期相当长，如果单单只有住院医疗保险，这些费用是得不到理赔的。所以，建议近中年的人士，尤其是男士，尽早优化重大疾病保险结构，除了配置涵盖病种广的重大疾病保险以外，适当的配置专项性的类似心脑血管重疾保险很有必要。

说到这里，大家应该相对清楚了，保险产品种类繁多，市场上又有100多家保险公司，没有受过专业培训的人员通常会挑到眼花缭乱，或者说会容易进入一个误区。建议是：当遇到困惑时，请找一个专业的、你信得过的保险代理人，和你的代理人好好聊聊家庭的实际经济情况和自己的担忧，专业人士一般都会结合情况给出相应的建议。

虽然我们说要优先考虑经济主体的风险保障，但是事实是我们谁都不清楚风险何时来，会降临在谁身上，家里的每一个成员都很重要，如果资金在短时间内不允许的情况下，其余的家庭成员首先确保配置商业住院医疗保险，然后再根据资金状况，尽快完善其他保险。

2 第二节　懂保险，合理配置保险产品

第一课　如何为老人挑选合适的保险？

从本课开始，我们来聊一聊家庭成员该如何配置保险，在选购时需要注意的事项有哪些。首先要聊的是我们如何为老人选保险。

一、为什么要给老人配置保险？

在之前的课程案例中，我们学过一个案例，一名外企CEO、美籍华裔计划留在国内退休养老时，曾找到我们获取保险计划，但是当时的计划流产了，因为保费高得离谱，而且没有匹配需求的保障内容。在过去，这样的委托基本做不了，那今天的保险业就可以做了吗？答案是：不一定。

说实话，早几年的保险配置会尽可能避开接近退休年龄的人群，因为众所周知，没有合适的保险产品，没有相当健康的承保标的——就是我们说的身体健康，即使都有，保费也很贵，没有几个家庭可以承受。但是这两年咨询给老人配置保险的人越来越多了，这背后也折射出一系列的社会现象。

父母的年龄大了，身体差了，需要的医疗费用仅仅靠社会医疗保险不够了，原本还充裕有余的退休金此刻貌似也不够了。父母那个年代没有这么专业的财务规划概念，风险抵御大多数靠银行储蓄，储蓄水平就代表了自身的抗风险能力。但是也正是因为银行储蓄灵活，不是被挪用了，就是被第三方坑了，一旦发生风险，这个抗风险能力立马就显现不足。我们要赡养父母，自然要肩负起经济责任，这是必须的。对于背负房贷压力、子女教育压力的我们来说，父母一旦生重病，家庭预算自然捉襟见肘，需要借助保险公司的帮助。

来向我们咨询的朋友，大多是家庭内或者周边有老人发生意外或重疾

的，尤其是恶性肿瘤、心脑血管疾病。阿尔茨海默病等高发重疾，多为后期需要长时间治疗、康复的疾病。他们要么是亲身经历，要么是作为旁观者感受到压力，为此忧心忡忡。我们关注的不是老人走了怎么办，更多的是，老人生病了、生重大疾病了怎么办，这是70后、80后、90后群体迫切需要得到解决的问题。

二、在给老人选保险时需要注意什么呢？

前面讲到过，这类保险承保难度大，但也不是绝对承保不了，那具体该怎么办呢？我们需要注意什么呢？

第一，关注年龄。这两年保险业的快速发展，大大改善了老年人群的保障体系，但是对于商业型保险公司，还是需要对自身的风险承受能力做评估，对于高龄人群，保险公司还是不做承保的。这个做法，相信大家可以理解。那放宽了的年龄是几岁呢？

一般来说，老年人群有两个年龄分水岭：一个是50周岁，一个是60周岁。其实就是保险公司考察身体健康状况的两个年龄。有些公司规定，凡50周岁及以上人群，不论购买什么类型的保险产品，都需要做体检，有些公司会规定60周岁及以上的人群购买保险需要体检。这个是正常核保流程，因为这个年龄的人群，身体的指标大多会存在一些问题，这是保险公司确定承保与否的重要参考。

所以，这里的建议是投保要赶早，越早越好。爸爸妈妈已经到这个年纪了，只要还有机会就去咨询一下，万一还可以通过，抓住了保险配置的尾巴也是好的。毕竟和未来医院的治疗、康复费用相比，保费总是少的。

第二，关注身体健康状况。这个年龄阶段的老人，如果身体健康，第一时间要咨询配置，因为可以配保险的机会越来越少。

一般这个年龄阶段身体有问题的人占比还是高的，这里要注意一定要配合保险公司做好健康告知，比如高血压、结节、增生、手术等，这些情况只要有相关的文字记录，交给保险公司核保科核保就可以。比如高血压，需要填写高血压问卷，将时间、是否服药等情况做下说明；如果是结节、增生之

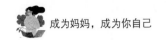

类的，提供两份报告单，这两份报告单要求间隔半年以上；如果是曾经有过手术，就提交一份当时手术的出院小结以及复诊记录。

当然，每家公司需要的材料或许还有增减，但是一个总的原则是：如实告知以及配合提供资料。很多时候，我们也会有委托人觉得这个资料那个资料很麻烦，千万不要有这样的想法，因为对于保险公司而言，这样的文字资料可以帮助核保人员加速判断承保风险。有些报告记录只是不明原因引起的疾病，只要尽快去医院复诊，提供完善的门诊复诊记录，查明病因，就可以让核保科作出判断，不影响承保。

关于老人的保险配置，其实影响最大的因素就是身体的健康情况。这两年，我们收到了好多要求给老人买保险的委托，一来二去成交的并不多，一般都卡在了医疗记录和体检环节。不是医疗记录证明明显承保不了，就是体检查出了很多之前不知道的问题，然后就被拒了。当然，即使走到了这一步，即使最后没有达成投保的目的，也没有浪费，因为作为子女的我们，对于老人的身体情况多了一层了解。但是根据概率来说，一般想要达到保险公司要求的体检标准，顺利承保的可能性不大。所以，这里强烈呼吁，趁着身体健康，尽早做出投保选择。

三、怎么给老人选择保险产品呢？

那么，老人年龄也合适，身体也可以，该怎么选择保险产品呢？

首先确定我们给老人配置保险的目的，如果担心的是老人发生重大疾病的风险，就可以运用到我们之前讲过的"关于生病这件事"的课程内容。

老年人的医疗保险配置也是三个结构：社会医疗保险为基础，商业重疾及商业医疗保险作为补充。

建议将之前的配置顺序做下调整。首先建议配置的是医疗险，就是住院保险。因为年龄的问题，重大疾病的配置成本相对会高，不是所有家庭都承担得起。老人的高发费用是医疗费用，我们可以采取保费低、保障额度高的医疗保险。

商业医疗保险在之前的课程内容中有说明，有免赔额的保险和没有免赔额的保险，还有以住院为前提的保险理赔。

那有免赔额和无免赔额的保险有什么区别呢？这里做了一张表格来供大家了解（见表4-1）：

表4-1 有免赔额的保险和无免赔额的保险的区别

	有免赔额	无免赔额
保费	低	高
保障额度	高	低
理赔记录续保影响	无	有
医疗绿通服务	有	无
最高续保年龄	100岁	65岁

有免赔额的医疗保险，因为设计时主要针对解决的是高额医疗费用，一般免赔的额度5000～10000元不等，各个家庭自行承担，这不会影响重大家庭责任和生活品质，也不会增加保险公司的理赔风险。

无免赔额的医疗保险，顾名思义就是按照医疗保险报销流程，社会医疗保险报销剩余的部分进入商业医疗保险的理赔通道，符合合同条款的费用全额获得理赔，无须自行承担。这一类产品，我们实际运用比较多的人群一般是老年人群，以及0～5岁的孩子。

从表4-1上看，有免赔额的医疗保险保费相对于无免赔额的医疗保险低，保障额度则要高，一般这类医疗保险，只要是在售情况下，以前的理赔记录不会影响保单续保，无免赔额的医疗保险如果往年有过住院理赔，次年保险公司会需要重新对被保险人的身体情况做核实，有可能会因为风险考虑而拒绝承保。

可能讲到这里大家还不是很清梦两者的区别，下面我们用某保险公司的两款产品，以60周岁有社保为例，让大家更直观了解，见表4-2。

表4-2　某保险公司的两款产品的区别

	有免赔额	无免赔额
保费	首年1570元	首年2407元
保障额度	一般住院100万元/年 轻症住院200万元/年 重疾住院300万元/年 （其中，一般住院及轻症住院累计免赔1万元/年）	一般住院20万元/年 重疾住院40万元/年
理赔记录续保影响	无	有
医疗绿通服务	有	无

表4-2显示，60周岁首年的保费是1570元，一般住院及轻症住院需要自己承担1万元，1万元以上享受全年最高的理赔额度是600万元，只要产品在售的情况下，即使发生过理赔也不影响第二年的续保，同时还享受住院垫付服务、特定疾病及重大疾病绿色通道服务，包括专家门诊、专家病房、专家手术，重疾疾病二次诊疗服务。这样的医疗保险加服务，提供了医疗诊疗便利。

综合以上数据，有免赔额的医疗保险是首选和必配，条件允许可以叠加无免赔额的医疗保险。这里的条件不单单指经济条件，更是指身体条件。

有免赔额的商业医疗保险，60岁以下的老人是不需要体检的，如果身体有异常情况，做健康告知并提交相应医学材料即可。无免赔额的商业医疗保险，50岁及50岁以上的老人就需要体检，是否能够购买要等体检报告审核后确定。

刚才我们说明的是：无论如何首选的配置是医疗保险，那么在整个医疗保险的配置结构中还有一个重疾，这个是不是可选项呢？当然不是。

根据近几年理赔数据，老年人的高发重大疾病除了恶性肿瘤外，与脑部及神经系统相关的重疾疾病居多，例如：脑卒中后遗症、瘫痪、严重阿尔茨海默病、非阿尔茨海默病所致严重痴呆、严重多发性硬化、严重风湿性关节炎、严重脑损伤等，这些疾病的治疗往往是长期的。

我们在之前的课程中也说明了，正因为住院医疗保险没有办法覆盖康养的费用，所以才需要重疾保险，重疾保险的存在不是为了治疗，而是为了长期的康复和照料。老人的医疗负担除了在医院治疗期间的费用之外，更多的是家里或专业康复机构的照料和康复费用。

当然，这个环节的配置就不是任何人都可以得偿所愿了，具体还需要和专业的保险代理人沟通，从经济条件、身体健康情况角度，合理配置。

如果病种范围广的重疾产品费用过高，可以选择考虑单一的心脑血管疾病类的重疾保险，以及单一的癌症类重疾保险。另外，有保险公司研发了专门针对手术的医疗保险，也是可以考虑补充添加的。也就是说，如果做不到全覆盖，我们就"好钢用在刀刃上"，把风险最大的集中配置，选择专项保险产品。

罗列说明了这么多，总结一句话：老人的保险配置，越早越好。可能一步到不了位，但有比没有好。老人的身体情况是关键，首选医疗保险，再来配置重疾保险，如果有难度，可以考虑心脑血管专项或癌症专项保险，以及手术给付的保险，有效针对医疗问题。

第二课　如何为子女挑选合适的保险？

下面我们要开启的话题是如何为子女挑选合适的保险，也是我们接触最多的咨询。

2006年入行的那一年，露露老师24岁，基于对保险在家庭财务配置中的作用的深入认识，她选定了少儿市场。她的任何一个从孩子保险开启的工作交流，对方最终都会采纳意见从给家长配置保险开始。当然，随着工作年限增加以及工作经验的积累，她慢慢地意识到，其实任何一个家庭成员都是重要的，没有办法完全按照原则等家长自己配置完保险后再来考虑子女的保险。如果风险恰恰发生在保险方案等待被完善的这个过程中，那她就会觉得自己的工作存在过失。

根据标准普尔图和保险配置原则，其实我们只要针对孩子的保险需求，做好费用的配比，是不会影响到家庭的整体财务状况的。配置等于被照顾，

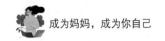

有比没有好。

那子女的保险需求是什么呢？我们一起来梳理一下。作为家长我们希望孩子健健康康，好好学习，天天向上，大多数应该都差不多，总结看来就是健康和教育，所以我们需要给孩子配置的保险就是健康保障和教育保险。下面我们主要讲的是如何为子女配置保障型的保险。

一、如何选择保障型产品

如何为子女选择保障型产品？我们需要分几步走。

第一，不是商业保险，首先要做的事是将孩子的户口本办妥，然后到各地的社保局办理少儿统筹医疗保险，就是我们平时说的少儿医保。这个是基础保险，一年200元的费用，通过家长绑定的银行卡每年9月扣费，根据政策对应会有调整，以调整后为准。这份保险是孩子的第一份保险，作用就是门诊及住院基础医疗费用。孩子年纪小的时候，断奶、换季、意外伤害等，都有可能引起不适而需要就诊，少儿医保简单便捷。

第二，商业医疗保险补充。如果孩子需要就诊，作为家长的我们都会希望孩子能够早一点好起来，希望用最好的药，减轻孩子难受痛苦的程度。之前课程有提到过，社保医疗有不足，不含丙类药的费用、有报销比例限制等，仅仅有社保，很多家庭都不能获得更优质的医疗资源。所以孩子的基础医疗可以在配置完少儿统筹医疗保险之后，通过商业保险公司配置相应的医疗保险做补充。

针对少儿的商业医疗保险配置和成年人会有所不同，孩子自身的免疫力系统在0～5岁还处于建立初期，比较容易受外界的影响而患病，在成长阶段中孩子因各种活动、运动而导致意外伤害的概率也会比较高，所以除了配置住院医疗保险以外，还需要配置基础的门诊医疗保险。这类产品的费用一般不贵，保费一年80～150元不等，医疗保险额度3～8万元不等。

针对还没有到学龄阶段的孩子，还可以补充保险公司单独的商业医疗保险。以某保险产品为例，0～5周岁的孩子一年保费418元，5周岁以上的孩子218元一年，拥有意外伤害门（急）诊医疗保险金5000元、住院医疗保险金5万元、少儿特定4种疾病住院医疗保险金10万元。4种少儿特定疾病是严重手足口病、严重川崎病、严重进行性风疹性全脑炎、严重幼年型类风湿关节炎。除了医疗费用保障，这款产品还能为家长提供增值服务，比如儿科健康咨询热线、亲子成长咨询热线、儿科就医绿色通道、儿童齿科服务套餐。

当时露露老师在接触这款产品的时候特别兴奋，为什么呢？因为她就是一位妈妈，初为人母的时候特别爱看书，孩子的喂养、训练、医护，只要是对孩子好的，有利于孩子成长的书都看，一有时间就去参加线下的教育沙龙等。但是并不是所有人的工作都可以像露露这样有时间弹性，有限的时间内遇到的问题一样，如何获取最便捷的指导意见呢？找保险公司，因为这款产品有增值服务，就像生活中多了一个"护工""教育专家""医护专家"。

下面，我们结合之前讲过的完善的医疗保险结构，修改少儿医疗保险配置流程，见图4-4。

图4-4 少儿医疗保险配置流程

社保局办的少儿统筹就是这张图中的少儿医保。商业医疗补充中的另外一部分就是商业住院医疗保险，这个产品类型是一定要配置的，而对于0~5岁这个阶段的少儿来说，可以考虑多配置一个无免赔额的住院医疗保险。

讲到这里，要补充一个观点，不是"有的赔就是好保险"，也不是"社会医疗保险管不了的费用保险公司管得了就是最好的"。这里举车险理赔的案例来说明一下，以前，车主一碰到剐蹭就找保险公司，然后近几年"费改"之后，很多人发现，车险保费比之前高了许多，为什么？就是因为这一次次小事故的记录，抬高了第二年的保费。其实回头想想，局部的一点点油漆可能只是几百元，但是因为有保险公司兜底，车主就报案理赔，殊不知这样的记录带来的后期的保费增长幅度远远比这点赔偿的费用高。为什么举这个案例呢？人也是一样，人的健康记录是保险公司核保的重要依据，商业保险存在更多的是为了防止重大事故引起的费用损失。在选择和理赔的时候，还是建议找专业的保险代理人沟通一下比较好。

第三，关于子女的保障型产品选择中，很重要的一个部分就是重大疾病的保险产品。上一课谈到老人的保险配置时，我们提醒过大家，保险越早配置越好，这句话自然也适合给子女投保。因为孩子年龄越小身体状况越好，而且保费成本是整个生命阶段中最低的，受到呵护的时间又是最长的。当然也会有一些家长会觉得正因为孩子小，不会有什么太大的疾病风险，晚一点配没什么问题。既然如此，让孩子早一点被呵护和照顾不是锦上添花的事情吗？早一点又有什么关系呢？

当然，也是因为我们都没有办法预测是否会发生风险，也无法预测风险来临时的节点，如果风险降临，而孩子没有被照顾到，相信我们作为父母也会倾自己所有去帮助孩子渡过难关。但是在这个过程中，是不是至少会有一个家长因为需要照顾孩子而无法正常工作呢？这势必会对家庭收入造成损失。在我们的家庭责任中，除了照顾子女，还有赡养我们的父母，资金的挪用也会影响到其他家庭责任的实现，所以提前配置，只是为了以防万一，既让子女得到及时的、最好的照顾，也不影响家庭的其他责任资金配置。

二、孩子的重疾保险该如何选择？

那么我们该如何给孩子配置重疾保险呢？相信绝大部分的家长对此都很头疼。

这部分的产品如果从保障期间来分类，可以分成两类：第一类是保障至终身，就是陪着孩子一辈子的产品；第二类是定期保险，比如保障孩子到30岁或者保30年，保单就终止，家长会尊重孩子让他自己再配置其他保险。

当然，如果按照保障内容分，孩子可以选择的空间很大，因为身体健康、保费成本低，方案选择空间就大。第一类是保障病种范围广的产品，如果选择这类产品，建议病种范围越多越好，条款的保障范围越宽越好，因为孩子的生命线比较长，尽可能全面一点。第二类是专项保险，比如说癌症专项、心脑血管专项、手术专项。保险代理人会根据家庭的资金情况、需求情况来配置和组合。这样的方案组合大家仅仅通过自学是没有办法完全明白的，我们可以通过某保险公司新上市的一款少儿保险产品来加强理解。

以0岁（说明：出生满30天即为0岁）男宝宝基础保障为例，每年缴费5057.89元，持续交20次，保障至终身。

那宝宝可以享受到什么照顾呢？第一，拥有105种重大疾病30万元/次和55种轻症的保障6万元/次，保障期间最多3次，当然，同一种疾病不能重复理赔。第二，全生命周期的呵护，针对少儿时期、成年时期、老年时期的高危疾病和特定情况给予加倍保障，不增加任何保费的情况下保险责任自动切换。为了大家更好地理解，我们来看一张图（图4-5）：

少儿特定重疾

0～17岁时，15种少儿特定疾病给付保障金60万，责任设计在主要同业中相对较优

成人重疾失能

18～60岁时，作为家庭顶梁柱，若因重疾导致失能，给付保障金60万进行收入补偿

老年特定重疾

61岁后，10种老年常见重疾给付保障金60万，包含阿尔茨海默症等社会热点疾病

图4-5 某保险公司新上市的少儿保险产品

18周岁前，针对比如白血病、重大器官移植术或造血干细胞移植术、脊髓灰质炎、严重哮喘、重症手足口病等15种少儿特定疾病保障60万元；成年至60周岁，如果因为重疾导致失能，给付保障金60万元；61岁起，针对阿尔茨海默病、瘫痪等10种特定老年疾病，给付保障金60万元。

第三，这款产品有完善的人性化条款，宝宝因为55种轻症而理赔，或者因为105种重疾理赔，任何一种情况发生后，后面的保费就不用交了。如果是因为轻症豁免，保费不交还享受105种重疾30万元保障以及特定情况的60万元保障，以及55种轻症剩余还有两次6万元的保险责任；如果是因为105种重疾理赔而豁免，保费不用再交，不再享受所有有关疾病的保障，但

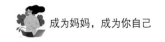

是还有20万元的身故、全残保障金。

第四，如果没有使用到豁免条款，那么孩子在年满18周岁的时候就会有50万元的身故、全残保障金。

市面上的产品名称各异，但具体保障条目方向上大体一致，大家可以作为参考。

三、为孩子选择保险产品时还需要注意什么？

作为家长的我们肯定希望孩子健健康康永远用不到保险，我们为孩子准备的是一种心情，是一种爱意。那么在给孩子选择保险产品时还需要注意些什么呢？

第一，尽可能从家长的保障开始，先家长后孩子。如果孩子是家庭成员中首个配置商业保险的，那么建议尽可能附加投保人豁免的保险。

什么是投保人？投保人就是交保费的那位法定监护人，如果是爸爸缴费，那么这个投保人就是爸爸，如果是妈妈缴费，那么这个投保人就是妈妈。为什么要附加这样一个保险呢？有什么作用？就像我们刚才说的，如果家长都没有配置保险，万一发生风险，除了社会医疗保险、团体医疗保险外，肯定不会有商业保险的理赔金，这个时候家长收入下降、中断，还需要持续支付孩子的保费，一般家庭是很难承受的。

附加投保人豁免保险就是当投保人发生轻症、重疾、身故或者全残中的任何一种情况，可以申请免交孩子这款保险的保费，保险责任不受影响。这里特别提醒，每家公司的投保人豁免条款的范围不一样，还是要仔细阅读条款了解自身权益。2019年6月露露老师就帮助一位好朋友办理了少儿保险的豁免，因为家长（这位朋友）患上了甲状腺癌。所以这样的条款设置是人性化的一种体现。

第二，孩子的保险配置顺序建议是先保障后理财。

第三，对于早产儿或者有先天性疾病的孩子，投保的过程也是一样的，只是多一个提交健康报告审核的过程。

第四，保费需要控制，如果家长还没有配置，建议先配置基础保障，比如保障额度30万元，等家长的风险保障账户建立起来之后，家庭成员再进行整体优化。

还是那句话，孩子的保险越早配置越好。少儿统筹医疗保险、学生平安险或者其他商业基础医疗保险、商业住院医疗保险、重大疾病保险，任何一个环节，一个也不能少。在配置产品的设置中请记得附加投保人豁免保险。

第三课 如何为家庭收入主体挑选必要的保险？

建立整体的财务配置认知后，我们具体讲解了家庭各个成员的保单配置建议及注意事项，梳理了父母和孩子的保险配置。接下来，我们为大家梳理一下，作为家庭主要经济收入主体的我们，该如何选择保险。

一、我们担忧什么？

根据之前课程的内容，我们清楚知道，我们不仅仅是我们自己，我们也是家人的未来，我们身上有责任，这些责任就是我们努力赚钱的原始动力。责任不虚，责任可以被数据化、具体化、落地化。

那么，我们再来梳理一次，我们担忧什么？担忧这台"印钞机"小修、大修、报废，导致还贷压力增大，孩子的教育费用可能因为修理费而被挪用，老人的赡养力不从心，自己成了"包袱"而无法照顾爱人一辈子，是吗？不用焦虑，合理的、科学的财务配置可以给自己安全感。

现在拿出纸和笔，将这些费用一一罗列。每个人的家庭情况不一样，每个人对未来的设想和要求不一样，所以，接下来所说的项目，如果你有，你就写下来，如果没有就跳过。

第一，生活费用。对于这一项，请罗列日常生活中吃穿行的费用，比如：吃饭花了多少钱，日常添置衣物的费用，汽车保养费、停车费、油费等。如果你比较担心未来自己或者配偶的生活品质，按照这个公式计算：（平均寿命－目前的年龄）×年均生活费用。这个数据就是现在到老去的基本生活费，这是我们的应备费用。

第二，房子的按揭贷款。这一项比较简单，就是还剩余多少房屋贷款没

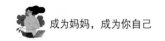

有还，得出的数据就是这一项的应备费用。

第三，子女的教育费用。这一项我比较建议大家找专业的保险代理人好好规划、聊一聊，因为孩子各个学龄阶段产生的费用是不一致的，简单加减乘除没有办法准确测算。打个比方，有些家庭计划在孩子0~2岁时开始不同程度的早教，3~5岁读幼儿园阶段就接触一些兴趣班、旅游，小学阶段根据低龄和高龄的学习和培养重点不同，也会有费用差距。所以，确定子女的教育费用最好的方式是找个人好好聊一聊，记录每一个阶段的费用预算，将这些费用叠加起来就是子女教育金的应备费用。

第四，父母的赡养费用。这一项主要是父母高龄之后随之而来的医疗费用、康养费用。举个例子，假如我们预测父母70岁应该会需要我们的资金支持，按照目前的平均寿命83岁，那么我们需要赡养13年，假设每个月医疗、康养费用10000元，那么这笔赡养费应该是：10000（元）×12×13＝156万元。

当然，应备费用还有好多项，比如医疗金、自己的养老金等等，为了方便大家理解，我们简单列举上述四项费用。假如我们就担心这些，可以理解成将上述四项应备费用相加起来，准备好这些费用，即使"印钞机"某一时刻突然罢工了，也不必担心会给家人造成经济上的压力或其他影响。

二、找差距

刚才我们计算出了应备费用，即我们想要承担、我们需要承担的责任金。现在我们要做什么呢？找差距。举一个生病看医生的例子，我们现在去医院看病，医生需要确诊后再出药方，一般在出药方之前还会问家里有什么药，大概多少的量，然后再配。我们现在要做的也是询问"家里已经有的药"，就是自己家的已备费用。什么是已备费用？就是即使少了自己这台"印钞机"也不受影响的家庭收入，比如房租、配偶收入等，除了收入还有一些有价证券等资产。大家如果不是财会专业或者从事金融行业，是没有办法自己梳理已备费用的，建议在课程结束之后，找专业的保险代理人帮助。

计算出来的已备费用与之前的应备费用相减，自然就是我们的差距。简单点说，这个差距，就是我们保险配置的风险额度。这个环节的测算相当重要，所以，特别提醒大家，不要介意将自己家的经济信息透露给保险代理人，因为如果没有这些数据，保险代理人的判断可能会失误，越精准的数字计算出来的方向越精确，对家庭的风险防范才最有效。

三、配置原则

有了应备费用和已备费用的差距，接下来就是根据一定的配置原则，结合家庭的其他数据和信息来寻找方向。覆盖风险责任金，无非两个需求：第一，人走了怎么办？第二，人病了怎么办？

第一，人走了怎么办。这里还需要知道，作为家庭主要收入来源的顶梁柱，他的工作、行业性质是什么样的，也就是我们业内说的职业类别。比如，需要经常加班吗？加班属于熬夜性质还是普通加班？需要经常出差吗？出差的交通工具一般是什么？出差频率怎么样？家族有没有心脑血管疾病史？

如果经常加班，考虑猝死的风险比平常人高，那么会相应选择寿险类产品，也就是"死亡险"，但是不局限于意外死亡，这类险种可以是定期寿险、终身寿险。如果经常出差，有固定出差频率的，建议增加高额的交通意外保险，一般这样的险种也是定期保险，保障20年、30年、40年不等，保费便宜，2000元左右就可以对应条款列明的特定意外100万元的保障。目前，这两个险种一般都是中年人群保险产品配置的刚需。

第二，人病了怎么办？这里还需要知道已有的保险结构，除了社会医疗保险以外，单位还有没有商业团体险，如果有，保障什么内容？保障额度是多少？自己之前如果已经有配置的商业保险产品，需要了解是什么类型的，保障额度是多少。如果是疾病保险，要确认几点：（1）重疾保险保障的病种范围是多少种？（2）保障额度是多少？（3）住院医疗保险是否涵盖丙类费用的报销，保障额度是否需要提升。

配置的原则就是运用"双十定律"，即用收入的10%来支付保费，以此用来保障未来10年的收入损失。尽可能涵盖应备费用和已备费用的风险缺口。这部分不像之前的理论说明，事实上是实操，是各个保险代理人员的专业所在，每个家庭的情况不同，经济数据不同，未来的发展方向不同，很难用一个案例说明清楚，大家只需要明确两个配置原则，基本上大方向就明确了。

四、案例说明

以35岁男性为例，个人年收入30万元，经常出差且熬夜，仅有社会医疗保险，房贷余额200万元。

被保险人首期保费缴纳31886.83元，占收入的10.63%。最长保障期限至终身（根据家庭责任30～40年有调整）。

首先，关于"人走了"这件事。保单生效之后，即刻享有的特定意外身故或全残保险金为280万元，特定意外的情况包含：海陆空公共交通意外、自驾意外、八大自然灾害（例如台风）、电梯事故、法定节假日意外、骑行和步行意外。当然这里是简单说明，具体详见条款说明。如果不是上文列举的特定情况的意外，比如游泳溺水意外身故，那么身故赔偿额度为190万元。如果不是意外身故，比如加班熬夜猝死，那么保险保障金额为180万元。这些赔偿金是做了特别设计的，在偿还贷款和家庭责任期最重的30～40年做了加强保障，40年之后贷款结束，孩子长大，我们的被保险人的身价保障金调整至80万元，这80万元的额度将陪伴终身。

万一发生了身故或全残，被保险人的理赔金可以弥补家庭6～9年不等的收入损失，以协助家庭应对突如其来的风险。

其次，关于"人病了"这件事，如图4-6所示。

图4-6 医疗保险使用流程图

被保险人重疾保障部分，保障的病种范围是105种重大疾病和55种轻症。105种重大疾病保障50万元，61岁之前重疾失能保障金为100万元，61岁开始的老年特定疾病保障金为100万元，三者不可兼得。

55种轻症每一次的理赔金额是10万元，整个保单3次理赔为限，同种病种不做重复理赔。

假如55种轻症首次理赔，剩余的保费不用缴纳之外，轻症的理赔剩余2次，105种重疾的保险责任继续享受，也就是50万元和100万元的保险责任继续享受。假设首次理赔的是105种重疾，不论是理赔50万元还是100万元，一旦理赔，保费不用缴纳，所有有关重疾保险的疾病保障责任随之终止，非意外引起的身价保障从原有的80万元下调至30万元，30万元保障至终身。

按照重大疾病的配置，万一发生重疾，被保险人可以安心休养2～3年。

最后剩余的还有住院医疗保险，社会医疗保险报销剩余的费用进入这个保险报销或者垫付结算。一年最高的限额是600万元，分别是一般住院100万元、50种轻症住院200万元、100种重症住院300万元，其中一般住院和50种轻症住院共有1万元的免赔额。此外，还包括了因单次住院引起的前7天和后30天的门诊费用、含恶性肿瘤的放化疗门诊费用。这部分保险加上社会医疗保险基本可以覆盖治疗费用，不会因为治疗而增加家庭成员其他的经济支出。

我们简单地用图文描述了这一份35岁男性的保险方案，当然，所有的内容还是需要以条款为准，以每个人的实际情况来配置和调整。

这节课的主要内容是梳理家庭责任，用数据呈现应备费用和已备费用，找出家庭责任风险缺口，然后再根据职业类别等特别情况，用好第二象限身故金和医疗金的配置原则，做好相应的堵漏，为自己增加安全感，为家庭铺就缓冲垫。

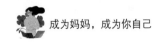

第四课　如何为自己配置养老保险？

一、提前为自己配置养老保险有必要吗？

很多人都会问：提前配置养老保险有必要吗？背后更多的声音是：现在养孩子、供房子，一大家子的事，赚得多花得多，压力这么大，养老晚点再说。是的，我们得先看到一个客观事实：70后、80后、90后目前处在一个上有老下有小的"夹心层"，角色赋予了我们各种压力，这是大家都需要面对的。

第一，数据告诉我们中国快速进入银发浪潮。

我们先来看一组数据。据预测，2010—2050年中国60岁以及以上年龄的老人每年增加的人数额为600万人；到2035年，每10个人里有4个人是60岁及以上的老人，占比25%；到2050年，中国60岁及以上的老人将会达到4.8亿人，相当于全球1/4的老人，中国将是世界老年人口最多的国家。这个社会变老的速度比我们想象的要快。

第二，70后、80后进入扎堆养老阶段。

到2050年，我们几岁了？中国历史上有个名词叫作"光荣妈妈"，大家是否还清楚这个词的历史背景？改革开放时期，在"人是最大生产力"的号召下，放开生育、鼓励生育，然后产生了我们爸爸妈妈那一代，我们是"光荣妈妈"的第二代。历史的烙印让我们在人生的各个重要关口都遭遇"高峰"，入园入学是高峰、毕业找工作是高峰、结婚买房是高峰、生娃养娃也是高峰，接下来就是我们一起扎堆进入养老高峰，其结果就是资源紧缺，而养老资源紧缺带来的一定会是各种费用成本的提升。养老不再是个人的问题，到我们这一代一定成为社会的问题。

第三，养老必然面对，那么养老靠谁？

养老问题严峻，未来必然面对，那么我们能靠谁？我相信，我们这一代人的回答一定不是靠子女。我们这一代爸爸妈妈在教育上特别用心，不论认识多久，坐下来最能打开话匣子的一定是孩子的教育。比如：孩子报了几个班？那个学校好吗？这次游学去哪里？所有的付出是因为我们内心特别希望孩子比我们优秀，那么问题来了，等到我们老了的时候，被我们培养出来的优秀的孩子们在哪里？

有可能在国外，有可能在省外，即使同城，过年过节估计都在工作岗位上继续奋战，因为优秀的孩子一定很忙。说到这里，我们自己内心是否有共鸣呢？不看未来，仅仅看看我们自己，平时工作带娃，时间被占据后，留给自己爸爸妈妈的还有多少？不是孩子不优秀，不是孩子不孝顺，有时候真的是有心而无力。当然，更多的还是我们不忍心让孩子承受这些压力，就像我们的爸爸妈妈对我们一样。

不靠子女，靠谁？社会养老保险？但是单一社会保险是远远不够的。社保的角色是基础配置。养老的费用到底需要哪些？我们需要明确未来的应备费用，统计现有的已备费用，找到差距就能找到规划的方向。

未来养老的开销，除了日常的生活起居外，还有医疗保健费用、人情往来费用（社交活动）、长辈费用（红包）、旅游费用、再教育费用等等，还会有其他费用。这些费用一罗列，就看出了我们对未来生活品质的要求，跟爸爸妈妈这一辈还是有一定的差距的。生活费不会是我们这代人养老的费用难点，我们的费用最集中的还是高龄带来的长期的医疗费用和康养费用。单一的社会养老保险虽然不能满足我们的养老费用需求。

所以，养老还得靠自己准备。

二、什么时候准备最合适？

我们还是来回顾一张图：爬坡图（图4-7）。

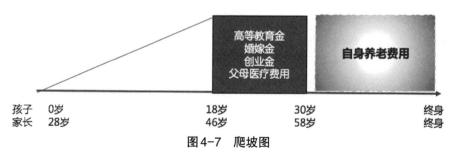

图4-7 爬坡图

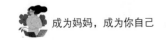

这张图以孩子的成长轨迹为例，0岁开始的这条横轴线代表生命线，从呱呱坠地开始，孩子人生花销最高峰的时间段是18~30岁，这个阶段产生的费用有高等教育费用、婚嫁金、创业金。虽然每个城市水平不一，但是几百万元肯定要的。

如果以晚婚晚育、28岁生孩子为例，子女18~30岁的时候父母就是46~58岁，在传统行业这个年龄的工资收入多半开始下滑，而此时子女用度集中，此外还要肩负高额赡养费用。这个时候的我们无法预知自己的身体情况，如果年轻时没有配置好一定的商业医疗保险，随着身体状况变差而带来的医疗金，会形成巨大的剪刀差。然后没过几年，我们自己也要开始养老了。从这张图可以明显看出，等把房子按揭还完，把孩子养大成人的时候，再来准备我们自己的养老金，显然是来不及的！

这个时候不知道有没有这样的声音：现在养孩子、还房贷、赡养老人，哪儿都需要花钱，压力太大。图4-7让我们明白，一般家庭收入的高峰时期就是这20年。这20年正好是还房贷、养孩子、照顾老人的集中期，但是错过了收入高峰，我们如何储备未来孩子18~30岁，我们自己养老退休的费用呢？

一个问题：这20年里，还房贷、养孩子、照顾老人、为未来做准备的这几笔费用，哪一项费用可以被去掉或者少准备些？想来，大家都有很明确的回答。没有一笔钱可以不用，也没有一笔钱可以不准备。那么，接下来就简单了，要么提升这个阶段的劳务报酬或者财务性收入，要么就是做好提前的强制储蓄，早准备比晚准备好，少做准备比不做准备好，有比没有好。

所以，不仅子女教育金要越早规划越好，趁着当下我们年富力强，收入看得见的时候，我们的养老金也是越早准备越好。我们把自己安排好了，就不会成为孩子的负担，年老的时候从容应对生活才是真幸福。

三、如何进行养老规划？

那么，如何进行养老规划呢？

第一，根据标准普尔家庭资产象限图，从当下开始整体规划，确保各个象限的资金配比合理。

第一象限流通账户不要投入过多资金，确保生活开销即可，如果存放太多，一方面会影响资金的增值，抵御通胀的能力会受影响；另一方面，流通性账户放太多，很容易有被挪用的风险，比如换房、投资等。

第三象限要根据我们自身的风险偏好，结合当下的政治经济环境适当投入。当然，原则是即使亏了，也不影响其他账户，不影响子女教育金和我们未来的养老金。如果感觉有影响，那么就是投入的比例过高，要重新慎重考虑。

第二象限是杠杆账户，属于保险保障账户，年轻时的我们用于防止"走了""病了""印钞机停止运作"时候的家庭责任兑现。但其实在养老规划中，疾病保障也是规划之一，年轻时趁着我们身体健康，补充好生病的保障账户，待年老、高龄时在医疗、康养上的花费就不会带来过重的资金压力，做到真正的从容。

第四象限自然是养老时的生活品质保证，是我们储备给未来自己的旅游金、再教育的学费、人情往来的社交费以及赡养长辈的费用。未来的日子怎么样，多半要看这个账户的额度。商业养老保险的储备特点就是：（1）强制储蓄，不会因为外界的诱惑而坚持不住。（2）保值增值。对于养老金来说，最重要的不是利率有多高，而是资金安全、保底。（3）可持续。年纪大了没有收入的时候，原有的资金储备就是我们生活的所有。商业养老保险的保障期间基本是终身，活到老领到老，领多少取决于年轻时的储备。

第二，合理测算养老需求，通过商业养老保险循序渐进实现。

年轻的时候到底需要储备多少呢？术业有专攻，建议还是找一位信得过的专业保险代理人好好聊一聊，因为这个测算过程相对复杂，执行的过程也很复杂。这里仅能呈现一般的简单原理。当然，计算是很关键的环节，温馨提醒一下，要内心强大一些，因为真的是不算不知道，一算吓一跳。我们计算这些不是为了把自己吓到焦虑，而是客观地了解自己想把日子过成什么样子，结合现在有的，找到缺的，那么后续的储备计划以及职业规划方向就明晰了。

现在，我们可以拿出纸笔，首先将自己未来需要的退休养老生活费用写在纸上，罗列出每一个项目的费用明细，接下来将这些费用全部叠加，然后在空白区域写下目前已经储备的资产，相减后找到差距，这就是我们需要进行规划的养老金。和你的保险代理人一起把一把目前的家庭经济状况，找到合适的配置流程，义无反顾地执行就可以了。

第三，选择合适的产品。

选择什么产品？前面我们讲过了，资金安全、不被挪用、保值增值、账户的运作要持续，能满足这些条件的，必须是商业养老保险。在子女保险那一课中的产品形态，这里依旧适用。

固定条款、带分红，保单主体不领取的情况下，自动进入万能账户按照日计息、月复利的形式结算累积（图4-8）。目前市场上的商业养老保险基本都是采用这样的产品结构，固定条款的合同约定和万能账户的保底利率确保资金的安全和保值，周年分红和万能账户实际达成的结算利率，又可以让账户的资金享受保险公司经营的盈利得到升值，重点是这个账户的钱是被保险人的，具有专属性和持久性。

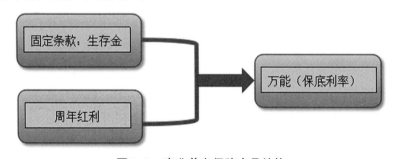

图4-8　商业养老保险产品结构

除了养老金对接的产品以外，我们还可以考虑选择一些高端的养老机构。很多保险公司现在都有了自己的养老机构，提倡"产品+服务"的新概念。保险公司的养老机构区别于社会上的养老院，践行的是"医养结合"的理念。

当我们作为"光荣妈妈"的第二代，扎堆进入养老的时候，资源就稀缺了，我们不靠子女照顾，总要为自己的将来做个妥善安排，那么专业的事就交给专业机构做。怎么才能进入这样的养老社区呢？其实很简单，成为保险公司的客户，有保单作为资金的保证，通过你的保险代理人，可以规划出合理的执行方案。

或许还有人会问到底规划多少养老金合适，不用着急，术业有专攻，找个专业的人聊一聊，我们就可以更加清晰了。规划养老金有两种方式：第一，先配置，有比没有好，一步一步优化和完善；第二，直接一步到位，以终为始，根据应备费用和已备费用的差距，利用测算工具和具体产品倒推，就是当下要配置的资金份额。

总结一句话，我们这么努力是为了更好的生活，在没有发生风险的情况下，人生一定会面临养老问题，辛苦了一辈子，年老时的悠闲和从容才是对自己最好的回赠。